神奇

白皮松

郗德智　史义祥　编著

陕西新华出版
陕西旅游出版社
·西安·

图书在版编目（ＣＩＰ）数据

神奇白皮松 / 郗德智，史义祥编著. — 西安：陕
西旅游出版社,2019.12（2024.8 重印）
ISBN 978-7-5418-3781-4

Ⅰ．①神… Ⅱ．①郗… ②史…Ⅲ.①白皮松－普及
读物 Ⅳ．①S791.243-49

中国国家版本馆 CIP 数据核字(2019)第 191285 号

神奇白皮松　　　　　　　　　　　　　　郗德智　史义祥　编著

责任编辑：贺姗
出版发行：陕西新华出版传媒集团　陕西旅游出版社
　　　　　（西安市曲江新区登高路 1388 号　邮编：710061）
电　话：029-85252285
经　销：全国新华书店
印　刷：永清县晔盛亚胶印有限公司

开　本：787mm×1092mm　　　1/16
印　张：13
字　数：100 千字
版　次：2019 年 12 月　第 1 版
印　次：2024 年 8 月　第 2 次印刷
书　号：ISBN 978-7-5418-3781-4
定　价：55.00 元

松树中的皇后——白皮松

白皮松是中国特有树种之一，主要分布于山西、河南西部、陕西秦岭、甘肃南部及天水麦积山、四川北部江油观雾山及湖北西部等地。其树姿优美，干皮斑驳美观，针叶短粗亮丽，适应性强，是我国城乡造林绿化的优良树种，被称为"花边树皮松"，被誉为"世界上最美的树种之一"和"松树中的皇后"。白皮松被大量栽植在颐和园、北海公园等皇家园林以及毛主席纪念堂和北京奥运会场馆周边，在园林绿化界享有美誉，深受人们喜爱。

蓝田县具备适合白皮松生长的独特自然环境，因此拥有中国最大的白皮松天然片林与白皮松繁殖基地，是中国最大的天然白皮松原产地和交易市场。2015年，蓝田白皮松被原国家质量技术监督总局授予"中国地理标志产品"的称号。去年，蓝田县又被中国林学会授予"白皮松之乡"的称号。目前，蓝田县白皮松天然林规模已达3万余亩，人工育苗种植面积15万亩，规模化集约化优势明显。蓝田白皮松被销往我国十八个省、市、自治区，年销售收入达6—8亿元，已逐步从零星移植向苗圃化、产业化发展，是蓝田县经济发展的支柱产业之一。

当前，蓝田白皮松产业迎来了大力发展的重要机遇期。以习近平同志为核心的党中央高度重视生态文明建设，提出了"绿水青山就是金山银山"的绿色发展理念。建设美丽中国已成为建设社会主义现代化强国的重要指标。党的十九大明确提出开展国土绿化行动，2018年11月14日，全国绿化委员会和国家林草局又印发了《关于积极推进大规模国土绿化行动的意见》，这是建设生态文明和美丽中国的重要举措，是贯彻习近平生态文明思想的生动实践，对于推进新时代中国特色社会主义现代化建设具有重要意义。2017年，我国全年完成造林736万公顷，森林抚育830万公顷，苗木总体需求非常旺盛。因此，作为我国的重要绿化树种，加强白皮松的科学研究和加快白皮松的产业发展符合目前国家重大战略，是推进生态文明建设，贯彻落实国家乡村振兴及精准扶贫的具体行动，是推动地方发展、促进农民增收、提高贫困地区自我发展能力的根本举措，更是实现生态保护脱贫、特色产业脱贫的有效途径。

新的形势和新的目标给蓝田白皮松产业发展提出了新要求，带来了新机遇，创造了新舞台。我们必须用科学理性的态度和实事求是的精神，依靠科技创新、机制创新和体制创新，不断深入研究，加强宣传推广，壮大企业规模，积极搭建产学研平台，建立蓝田白皮松产业相关标准。中国林学会作为我国历史最悠久、学科最齐全、组织体系最完备的科技社团之一，将充分发挥专家队伍广泛、联系基层紧密的独特优势，在科技支撑、智力支持、平台建设、标准制定等方面与蓝田县深入合作，共同推动白皮松产业发展再上新台阶。

产业助推发展，创新引领未来。中国林学会旨在搭建白皮松产业高层交流平台，集中展示白皮松科技创新成果，交流前沿技术，分享实践经验，激发创新思维，并以此为契机增进共识、同心同德、合作共赢。

中国林学会和蓝田县委、县政府将密切加强合作，加强对白皮松的宣传。双方要组织宣传队伍，对白皮松开展认真的调查研究；要对白皮松的历史文化渊源进行探寻；要对全国各地有名的古寺的现存白皮松进行注册登记；要对现有的白皮松天然林进行保护；要对白皮松的生长环境包括气候、土壤、水分及土壤中的成分进行分析研究，研究的成果要在相关刊物上发表；要对白皮松树所含各类微量元素进行攻关研究，提高人们对白皮松的再认识。

产业发展，舆论先行。一个新兴的、创新的白皮松产业已受到社会各界的关注。我们要进一步提高白皮松的知名度，通过专题报道、电影等方式，使人们目睹"松中的皇后"——白皮松的美妙身姿。同时，组织专业人员围绕白皮松作诗绘画，创作以白皮松为主题的文学作品，使白皮松走遍神州大地，名传天下。

我期盼着与白皮松相关的优秀文学作品早日问世。

中国林科院副院长、中国林学会副会长兼总书记、研究员

陈幸良

2018 年 11 月 22 日

目录
CONTENTS

第一章

松树概说

松树概说

松树属常绿针叶乔木，我们在严寒的冬季看到松叶苍翠、碧绿，以为松叶一年四季都不会落。新陈代谢是自然规律，老叶不去，新叶如何生长。从春天到秋天，只要温度适宜，松树便得以持续生长，老、干、黄的枯叶也会落下，只是新陈代谢缓慢，不会像杨柳等落叶乔木到了深秋便"一夜秋风起、树上叶不见"那样明显罢了。

松树枝是轮生，每年生一节或数节，冬天可以看到松枝顶端有冬芽。冬芽呈卵状圆形或圆柱形，褐色，顶端尖，芽鳞边缘丝状，微反曲。逢春加速生长，在枝顶端长成新枝，新枝一年后变为老枝，老枝随着松树的不断生长逐渐长粗，变为主枝。

松树高可以达到 45 米，胸径 1.5 米，主径树皮呈红褐色，下部灰褐色，裂成不规则的鳞状块片。有的鳞片在松树生长的旺季逐渐脱落，脱落后又有新的鳞片形成。

松树根部不发芽，不会像杨树和柳树那样，主干被砍但根部仍会发芽并生长新枝。松树是靠种子繁殖，人工砍伐留下或自然死亡的松树根不会再发芽生长，根部脱离主干后便会慢慢死去。松树是长寿树木，树龄可达数百年，有的甚至达到千年以上。我们在为老人过生日时，常用"福如东海长流水，寿比南山不老松"这两句诗来祝福老人幸福长寿。

北京北海公园团城承光殿东侧有棵油松，传说有一年夏天，乾隆皇帝到北海团城消暑，烈日如烤，宫女使劲扇扇子，也无法消除酷暑。在乾隆热得无法坐立之时，抬头见园内有一株遮天蔽日的大松树，便命人将龙椅搬到大松树下,以祛暑意。刚走到松树下,立即觉得凉气袭身,满身燥热顿失,十分惬意,便脱口而出:"遮阴侯使朕身心清爽。"从此,这棵松树被称为"遮阴侯"受到保护。泰山上还有棵望人松树,树龄今已达2300多年。泰山普照寺内的六朝松距今已有1400多年,山西五台山佛光寺内两株古松的树龄已有1100多岁。北京市延庆县的天然森林公园是有名的风景区,林中有棵"松树王"直径0.76米,已经有500多年的历史。

松树死后,躯干历久不腐,被称为"松树木乃伊"。

据科学日报网站报道,挪威科学家发现了一片"松树木乃伊",这里许多松树已经死亡近500年了,但枝干在露天潮湿的环境中仍光滑坚硬如初,没有丝毫腐烂。发现的"松树木乃伊"在挪威西海岸线上的松达尔地区。这里是挪威最潮湿、最温和的地方,按理说在这么潮湿的地方,即使一块铁也会生锈,花岗岩也会成为一堆沙砾。但这一片死去的松树,却好端端地躺了500年。"松树木乃伊"为什么会有如此神力?科学家解释说,松树死亡的过程比较缓慢,整个过程中会分泌出油脂,这种物质可以阻止松树腐烂。据考古学家讲,松脂是古埃及制作木乃伊必用的材料之一,可见数千年前,人们就知道了松脂的防腐功能并已将其应用到生活中了。

松树的习性

生长气候:由于原产地的气候有差别,松树也就养成了随遇而安的性格。世界各国的气候差别我们不去探讨,单就我国来说,不同地区的气候差别是非常大的,东北气候比较寒冷,黑龙江漠河的气温冬季可达零下40℃左右,与寒带气候几乎差别不太大;华北地区属于温带季风气候,四季分明;华南大部分地区和华东地区属于亚热带季风气候;海南、台湾省南部、雷州半岛和西双版纳等地属于热带季风气候;西北地区属于温带大陆性气候。各地气候显著不同,温差较大,但都分布有松树。松树对气候的适应能力非常强,既耐寒又耐热,既可忍耐零下60℃的低温,又能忍耐50℃的高温,可谓冷热无惧,坚强不屈。

土壤要求:松树随遇而安,也随土而安,随土而生。我国土壤有黑土、黄土、红土,又有砂土、碱性土、酸性土。松树对这些土壤一般都能适应。盐碱性土壤对松树的根有侵蚀性,导致大多数松树不能靠近海滨生长,所以,到海边旅游时很少能见到高大常绿的松树。又因松树针叶灰分含量低,因此在裸露的矿质土壤、火山灰、石灰岩土等一些贫瘠土壤中,哪怕是在没土壤养分的山崖石缝中松树也能照常生长。如果当地土壤较肥沃,水分较充沛,气候湿润,同一种松树会比在贫瘠的土壤中生长得快得多。松树一般也可适应一些含钙量高和酸碱度高的土壤,及含腐殖质高的土壤。因为松树的根系有菌根菌共生,外生菌根的菌丝体形成鞘,包围短的侧根,有利于根系对水分和养料的吸收。

耐阴性弱:大多数松树是喜光树种,耐阴性弱。当原始森林遭到人为破坏或自然灾害后,松树就会在死去树木的土地上飞子成林,迅速占据裸露的空间。虽然成林,但也会出现一些耐阴性较强的阔叶树种。

抗旱性强:松树具有旱生结构。其叶狭窄,状如钢针,角质层发达,表面积和容积比很小,气孔下陷,厚壁组织得到充分发育。在生理特征上,松树和中生的阔叶树种相比较更能忍耐干旱缺水的环境。松树多半都能在多石的、土层浅薄的干旱环境中生长。每到炎夏酷暑,甚至遇到数月干旱的情况，山上的草干枯了，阔叶树种树叶变黄了，但松树的针叶依旧是绿的，且针叶少的松树耐旱性高于针叶多的松树。

变异性：松树是异花受粉植物，存在着个体之间、林区之间和种源（产地）之间的变异。因松树生长的自然环境有差异，便出现了变异现象。同一地区内也会有地理差异，如河北遵化地区由于地理差异大，同一个松种就出现了红色树皮、黄色树皮两个不同类型；由于温度、湿度、土壤的不同，南方地区的同一种松树有的皮薄，有的皮厚，当地群众称薄皮松为铜皮松，厚皮松为铁皮松等。同一松种，在变异中树皮颜色会发生变异，树冠也会发生变异，有的松树冠大而密，有的则小而疏。在同一地区，生长在山下的松树叶较长，而在多风的山顶上，松树会向一方倾斜，树冠形状是匍匐状，茎秆很低。

松树的种类及分布

在原产地的松树中，樟子松、新疆五针松、偃松最耐寒冷，对热量要求最低。赤松、油松、白皮松、华山松、高山松、黄山松、巴山松分布在暖温带和亚热带，对热量需求为中等。马尾松、云南松、乔松和思茅松分布在云南、贵州、广西靠南的地区，对热量需求较高。南亚松是热带松树，主要生长在越南、印度尼西亚和菲律宾，对热量要求最高。湿地松、火炬松是华中、华南引进的品种。台湾的果松，新疆、东北的红松，东北长白山的落叶松、新疆的雪松都是优质松树。

常见松树一览表

树名	产地
墨西哥落叶松	墨西哥
黑松	欧洲、中国东北
赤松	欧洲、中国西北
海岸松	欧洲
油松	中国华北、西北
樟子松	中国东北
黄山松	中国华中
高山松	中国华中
马尾松	中国华中、华南
巴山松	中国秦巴地区
短三叶松	美国
秦岭松	中国秦岭
白皮松	中国秦岭、关山林区
云南松	中国川滇地区
思茅松	中国川滇地区
湿地松	中国华中、华南
火炬松	中国华中、华南

树名	产地
乔松	中国西南
五叶松	瑞士
红松	中国东北
华山松	中国西北、西南
偃松	中国大别山
果松	中国台湾
五针松	安徽、海南及大别山地区
雪松	新疆
落叶松	东北长白山

常见的松树

　　白皮松,松科,松属,常绿乔木,是中国特有树种之一。分布于山西、河南西部、陕西秦岭、甘肃南部及东南部天水麦积山、四川北部江油观雾山及湖北西部等地,苏州、杭州、衡阳等地也有栽培,生长于海拔500—1000米地带。松树喜光,耐贫瘠土壤及较干冷气候,在气候温凉、土层深厚、肥沃的钙质土和黄土上生长良好。甘肃的白皮松叶呈淡黄绿色,山东的枝干稀疏,这两地松树幼冠呈伞塔状,但有时不明显。唯陕西

白皮松

蓝田的白皮松树冠呈伞塔形,结构紧密,色为深绿色。它可以孤植、对植,也可丛植成林或作行道树,也适于庭院中堂前、亭侧栽植。

樟子松,松科,松属,常绿乔木,高 15—25 米,树干挺拔。生长于黑龙江大兴安岭海拔 400—900 米的山地及海拉尔以西、以南一带的沙丘地区。由于具有耐寒、抗旱、耐瘠薄及抗风等特性,樟子松成为我国东北、华北和西北地区建造防护林及固沙造林的主要树种。樟子松树形及树干均较美观,可作庭园观赏和绿化树种。

油松,松科,松属,常绿乔木,高可达 30 米。花期为 5 月,球果于次年 10 月上、中旬成熟。油松的主干挺直,分枝弯曲多姿,树冠层次分明,树色变化多,可作为广场、公园的装饰树。

红松,松科,松属,常绿乔木,树高可达 30 米。喜光,对土壤及水分要求较高,不适宜在过干、过湿的土壤及严寒气候中生长。红松造型优美,适宜做庭荫树、行道树或在风景林、马路绿化、景园绿化中应用。

黑松,别名白芽松,松科,松属,常绿乔木。原产日本及朝鲜南部海岸地区。黑松一年四季常青,经抑制生长,其造型盘曲,姿态雄壮,极富观赏价值。黑松盆景对环境适应能力强,庭院、阳台均可栽植,其枝干横展,树冠如伞盖,针叶浓绿,四季常青,树姿古雅,可终年欣赏。

五针松,松科,松属,因五叶丛生而得名。五针松品种很多,其中以针叶短、枝条紧密的大阪松最为名贵。常见栽培品种有旋叶五针松、黄叶五针松、白头五针松、短叶五针松。五针松植株较矮,生长缓慢,叶短枝密,姿态高雅端正,树形优美,观赏价值高,既适合庭园观赏,又是做盆景的重要树种。

雪松,又称香柏,松科,雪松属,常绿乔木。雪松是世界著名的庭园

雪松

观赏树种之一，树体高大，树形优美，最适宜孤植于草坪中央、建筑前庭之中心、广场中心或主要建筑物的两旁及园门的入口等处。其主干下部的大枝自近地面处平展，长年不枯，能形成繁茂雄伟的树冠。此外，雪松列植于公园道路的两旁，形成通道，亦极为壮观。

罗汉松，罗汉松属，常绿乔木。适于庭园内孤植、对植，亦可作绿篱和盆景，或于墙垣一隅与假山、湖石相配。斑叶罗汉松可作花台栽植，亦可布置花坛或作

罗汉松

盆栽陈于室内欣赏。小叶罗汉松还可作为庭院绿篱栽植。在中国传统文化中,罗汉松象征着长寿、守财,寓意吉祥。广东地区民间素有"家有罗汉松,世世不受穷"的说法。

金钱松,松科,金钱松属,别称金松、水树、叶片条。金钱松为著名的古老残遗植物,为珍贵的观赏树木之一,与南洋杉、雪松、金松和巨杉合称为世界"五大公园树种"。金钱松体形高大,树干端直,入秋叶变为金

金钱松

黄色极为美丽。可孤植、丛植、列植或用作风景林。

华山松是松科中著名的常绿乔木品种之一,原产于中国,因集中产于陕西华山而得名,幼树树皮呈灰绿色或淡灰色,平滑,老时裂成方形或长方形厚块片。球果幼时绿色,成熟时淡黄褐色。华山松喜温凉湿润气候,不耐寒及湿热,稍耐干燥瘠薄的环境。可作为建筑、家具及木纤维工业原料等用材,树干可割取树脂,树皮可提取栲胶,针叶可提炼芳香油,种子可食用也可榨油。

北美短叶松为松属常绿乔木,高可达 25 米,胸径

60—80 厘米。树干常歪曲,树冠开展。树皮暗褐色,裂成不规则鳞片脱落。枝条每年生长 2—3 轮,小枝淡紫褐色或棕褐色,冬芽褐色。北美短叶松的抗寒抗旱能力很强,能耐零下 56℃的极端低温。在沙地、丘陵和石质山地均可生长。

加勒比松别名古巴松,松属,常绿乔木,在原产地(中美)高可达 45 米,胸径 137 厘米,在古巴、巴哈马群岛则大小中等,极少数高达 21 米,胸径 30 厘米,树冠广圆形或不规则形状,树皮呈灰色或淡红褐色,裂成扁平的大片脱落。枝条每年生长多轮,节间很短,生于沿海平地上及山区海拔 480—900 米地带。

高山松是中国特有的植物,为松科松属的植物,高可达 30 米,胸径可达 1.3 米,树干下部树皮呈暗灰褐色,深裂成厚块片,上部树皮呈红色,裂成薄片脱落。分布于中国的云南、四川、西藏、青海等地,生长于海拔 1500—4500 米的地区,常生长在河谷、山坡、林中、山谷和阳坡,目前已由人工引种栽培。

马尾松别称青松、山松、枞松等,松属常绿乔木,树干较直,外皮呈深红褐色微灰,纵裂,长方形剥落。分布极广,北至河南及山东南部,南至广西、广东和湖南、台湾,东自沿海,西至四川中部及贵州,遍布于华中华南各地。马尾松为阳性树种,不耐阴。对土壤要求不高,喜微酸性土壤,怕水涝,不耐盐碱,在石砾土、沙质土以及陡峭的石山岩缝里都能生长,是荒山造林的先锋树种。

海岸松为松科松属的植物,分布在地中海沿岸等地,在中国已由人工引种栽培,喜欢温暖湿润的气候。海岸松非常适合在贫瘠的酸性土壤中生长,不过在深厚、肥沃土壤条件下其生长速度是最快的。

巴山松

　　巴山松是松柏目松科松属常绿乔木,主要分布在川、陕、鄂三省交界的巴山、米仓山一带。巴山松为阴性树种,不耐阴,即使幼苗期也需要在日照充足的环境下生长。一般在4—5月开花,次年10月中旬种子成熟。其纹理直或斜,结构适中细腻,可用于家具制作。

第二章

松情文化

白皮松

巍峨沟壑坡青且艳，封山固土情更切。松妆不失青玉色。针叶难为琥珀结。孤挺矜持美人姿，塔立端标妤汉腰。惯看草木荣且枯，心际不衰形不老。

题白皮松一首

戊戌年初春 无恨荣书羊

松树受到历代文人墨客、达官显贵、英烈忠勇之士的崇拜。它具有耐高寒、在恶劣环境中依然顽强生长的特性，因此常用来象征那些不畏强暴、坚强不屈的仁人志士。松与竹、梅一样，在严寒的冬季顶风傲雪，郁郁葱葱，成为文人膜拜之偶像。因而人们将松、竹、梅称为"岁寒三友"，若与菊一起则被称为"岁寒四君子"。松在"岁寒三友""岁寒四君子"中排为第一，可见松在文人心中的地位。

人们常以"松龄鹤寿""松柏常青""寿比南山不老松"来祝贺年龄大、辈分高、有德行的老人。在古籍中，常见"松乔"一词，是指古代传说中的仙人赤松子和王子乔。因为松大多长在高山峻岭之中，大有隐士之风，所以文人常借"松乔"一词，来指那些隐遁之人。

孔子在《论语·子罕》中说："岁寒，然后知松柏之后凋也。"孔子将松、柏并列，在于示德之不孤。《庄子·德充符》有"受命于地，唯松柏独也正，在冬夏青青；受命于天，唯尧舜独也正，在万物之首"之语，将松、柏与君并称。《荀子·大略》则有"岁不寒，无以知松柏；事不难，无以知君子"之句。

中国文人多以"松"为题作诗，以"松"为题作文，或通过书法、绘画作品表达对松深厚的感情。

诗

赠从弟·其二

（魏晋）刘桢

亭亭山上松，瑟瑟谷中风。

风声一何盛,松枝一何劲。

冰霜正凄凄,终岁常端正。

岂不罹凝寒,松柏有本性。

咏史·其二

(晋)左思

郁郁涧底松,离离山上苗。

以彼径寸茎,荫此百尺条。

世胄摄高位,英俊沉下僚。

地势使之然,由来非一朝。

金张籍旧业,七叶珥汉貂。

冯公岂不伟,白首不见招。

扶风歌(汉乐府)

(魏晋)刘琨

南山石嵬嵬,松柏何离离。

上枝拂青云,中心十数围。

洛阳发中梁,松树窃自悲。

斧锯截是松,松树东西摧。

特作四轮车,载至洛阳宫。

观者莫不叹,问是何山材。

谁能刻镂此，公输与鲁班。

被之用丹漆，熏用苏合香。

本自南山松，今为宫殿梁。

拟嵇中散咏松诗

（晋）谢道韫

遥望山上松，隆冬不能凋。

愿想游下憩，瞻彼万仞条。

腾跃未能升，顿足俟王乔。

时哉不我与，大运所飘摇。

饮酒诗·其八

（东晋）陶渊明

青松在东园，众草没其姿。

凝霜殄异类，卓然见高枝。

连林人不觉，独树众乃奇。

提壶挂寒柯，远望时复为。

吾生梦幻间，何事绁尘羁。

松柏篇并序

（南朝）鲍照

余患脚上气四十余日，知旧先借傅玄集，以余病剧，遂见还。开袠，适见乐府诗龟鹤篇。于危病中见长逝词，恻然酸怀抱。如此重病，弥时不差，呼吸乏喘，举目悲矣，火药间缺而拟之。

> 松柏受命独，历代长不衰，
>
> 人生浮且脆，蚑若晨风悲。
>
> 东海迸逝川，西山导落晖，
>
> 南廓悦籍短，蒿里收永归。
>
> 谅无畴昔时，百病起尽期，
>
> 志士惜牛刀，忍勉自疗治，
>
> 倾家行药事，颠沛去迎医，
>
> 徒备火石苦，奄至不得辞。
>
> 龟龄安可获，岱宗限已迫，
>
> 睿圣不得留，为善何所益？
>
> 舍此赤县居，就彼黄垆宅。
>
> 永离九原亲，长与三辰隔。
>
> 属纩生望尽，阖棺世业埋，
>
> 事痛存人心，根结亡者怀，
>
> 祖葬既云及，圹隧亦已开。
>
> 室族内外哭，亲疏同共哀，
>
> 外姻远近至，名列通夜台。
>
> 扶舆出殡宫，低回恋庭室，
>
> 天地有尽期，我去无还日，
>
> 居者今已尽，人事从此毕，

火歇烟既没，形销声亦灭，
鬼神来依我，生人永辞诀，
大暮杳悠悠，长夜无时节，
郁湮重冥中，烦冤难具说。
安寝委沉寞，恋恋念平生，
事业有余结，刊述未及成，
资储无担石，儿女皆孩婴，
一朝放擒去，万恨缠我情。
追忆世上事，束教以自拘，
明发靡怡愈，夕归多忧虞，
辙闲晨径荒，撤宴式酒濡，
知今瞑日苦，恨失尔时娱。
遥遥远民居，独埋深壤中，
墓前人迹灭，冢上草日丰，
空林二鸣蜩，高松结悲风，
长寐无觉期，谁知逝者穷？
生存处交广，连榻舒华茵，
已没一何苦，楷哉不容身。
昔日平居时，晨夕对六亲，
今日掩奈何，一见无谐因。
礼席有降杀，三龄速过隙，
几筵就收撤，室宇改畴昔，

行女游归途，仕子复王役，

家世本平常，独有亡者剧。

时祀望归来，四节静莹丘，

孝子抚坟号，父兮知来不？

欲还心依恋，欲见绝无由，

烦冤荒陇侧，肝心尽崩抽。

松

（唐）李峤

郁郁高岩表，森森幽涧陲。

鹤栖君子树，风拂大夫枝。

百尺条阴合，千年盖影披。

岁寒终不改，劲节幸君知。

赠韦侍御黄裳二首·其一

（唐）李白

太华生长松，亭亭凌霜雪。

天与百尺高，岂为微飙折。

桃李卖阳艳，路人行且迷。

春光扫地尽，碧叶成黄泥。

愿君学长松，慎勿作桃李。

受屈不改心，然后知君子。

南轩松

（唐）李白

南轩有孤松，柯叶自绵幂。

清风无闲时，潇洒终日夕。

阴生古苔绿，色染秋烟碧。

何当凌云霄，直上数千尺。

孤松

（唐）柳宗元

孤松停翠盖，托根临广路。

不以险自防，遂为明所误。

题遗爱寺前溪松

（唐）白居易

偃亚长松树，侵临小石溪。

静将流水对，高共远峰齐。

翠盖烟笼密，花幢雪压低。

与僧清影坐，借鹤稳枝栖。

笔写形难似，琴偷韵易迷。

暑天风械械，晴夜露凄凄。

独契依为舍，闲行绕作蹊。

栋梁君莫采，留著伴幽栖。

栽松二首

（唐）白居易

小松未盈尺，心爱手自移。

苍然涧底色，云湿烟霏霏。

栽植我年晚，长成君性迟。

如何过四十，种此数寸枝？

得见成阴否，人生七十稀。

爱君抱晚节，怜君含直文。

欲得朝朝见，阶前故种君。

知君死则已，不死会凌云。

涧底松

（唐）白居易

有松百尺大十围，生在涧底寒且卑。

涧深山险人路绝，老死不逢工度之。

天子明堂欠梁木，此求彼有两不知。

谁喻苍苍造物意，但与之材不与地。

金张世禄原宪贤，牛衣寒贱貂蝉贵。

貂蝉与牛衣，高下虽有殊。

高者未必贤，下者未必愚。

君不见沉沉海底生珊瑚，历历天上种白榆。

松树

（唐）白居易

白金换得青松树，君既先栽我不栽。

幸有西风易凭仗，夜深偷送好声来。

和松树

（唐）白居易

亭亭山上松，一一生朝阳。

森耸上参天，柯条百尺长。

漠漠尘中槐，两两夹康庄。

婆娑低覆地，枝干亦寻常。

八月白露降，槐叶次第黄。

岁暮满山雪，松色郁青苍。

彼如君子心，秉操贯冰霜。

此如小人面，变态随炎凉。

共知松胜槐，诚欲栽道傍。

粪土种瑶草，瑶草终不芳。

尚可以斧斤，伐之为栋梁。

杀身获其所，为君够明堂。

不然终天年，老死在南岗。

不愿亚枝叶，低随槐树行。

山居自遣

（唐）杜荀鹤

茅屋周回松竹阴，山翁时挈酒相寻。

无人开口不言利，只我白头空爱吟。

月在钓潭秋睡重，云横樵径野情深。

此中一日过一日，有底闲愁得到心。

松

（唐）韩溉

倚空高槛冷无尘，往事闲徵梦欲分。

翠色本宜霜后见，寒声偏向月中闻。

啼猿想带苍山雨，归鹤应和紫府云。

莫向东园竞桃李，春光还是不容君。

古松感兴

（唐）皇甫松

皇天后土力，使我向此生。

贵贱不我均，若为天地情。

我家世道德，旨意匡文明。

家集四百卷，独立天地经。

寄言青松姿，岂羡朱槿荣。

昭昭大化光，共此遗芳馨。

咏松

（宋）吴芾

古人长抱济人心，道上栽松直到今。

今日若能增种植，会看百世长青阴。

白松诗

（明）张著

叶坠银权细，花飞香粉干。

寺门烟雨里，浑作玉龙看。

咏松

（清）陆惠心

瘦石寒梅共结邻，亭亭不改四时春。

须知傲雪凌霜质，不是繁华队里身。

为李进同志题所摄庐山仙人洞照

毛泽东

暮色苍茫看劲松，乱云飞渡仍从容。

天生一个仙人洞，无限风光在险峰。

青松

陈毅

大雪压青松，青松挺且直。

要知松高洁，待到雪化时。

神奇白皮松

SHENQI
BAIPISONG

祝寿联

松添寿色　　松枝柏节　　长青松有色
桂有高风　　鹤发童颜　　万寿域无疆

如松如鹤　　松柏精神　　松风鹤语
多寿多福　　云山风度　　福海寿山

五岳松延年　　松高枝叶茂　　寒松有本心
三樽酒献春　　鹤老羽毛丰　　野鹤无丹质

松鹤千年寿　　松令长岁月　　松视小春天
子孙万代长　　鹤语记春秋　　寿添沧海日

松山春永驻　　松柏有奇姿　　岁看不老松
玉海福常存　　云霞成异色　　晚享清平福

松柏老而健　　寿龄比松柏　　松柏千年寿
芝兰清且香　　人品如金玉　　家族百世荣

　　松高显劲节　　淡云坚石傲松年
　　梅老正精神　　白雪欢歌翻寿曲

苍松翠柏南山寿　歌唱南山松作韵

白雪阳春比海林　诗吟寿旦笔生华

翠柏苍松耐岁寒　松木有枝皆百岁

红梅绿竹称佳友　蟠桃无实不千年

半窗松雪谓天伦　种松皆作老龙鳞

万户春风为子寿　栽竹尽成双凤尾

老于松柏岁长春　松菊堂中人比年

行可楷模年誉德　同林娱老儿孙好

散 文

　　去年冬天,我从英德到连县去,沿途看到松树郁郁苍苍,生气勃勃,傲然屹立。虽是坐在车子上,一棵棵松树一晃而过,但它们那种不畏风霜的姿态,却使人油然而生敬意,久久不忘。当时很想把这种感觉写下来,但又不能写成。前两天在虎门和中山大学中文系的师生们座谈时,又谈到这一点,希望青年同志们能和松树一样,成长为具有松树的风格,也就是具有共产主义风格的人。现在把当时的感觉写出来,与大家共勉。

　　我对松树怀有敬佩之心不自今日始。自古以来,多少人就歌颂过它,赞美过它,把它作为崇高的品质的象征。

你看它不管是在悬崖的缝隙间也好,不管是在贫瘠的土地上也好,只要有一粒种子——这粒种子也不管是你有意种植的,还是随意丢落的,也不管是风吹来的,还是从飞鸟的嘴里跌落的,总之,只要有一粒种子,它就不择地势,不畏严寒酷热,随处茁壮地生长起来了。它既不需要谁来施肥,也不需要谁来灌溉。狂风吹不倒它,洪水淹不没它,严寒冻不死它,干旱旱不坏它。它只是一味地无忧无虑地生长。松树的生命力可谓强矣!松树要求于人的可谓少矣!这是我每看到松树油然而生敬意的原因之一。

我对松树怀有敬意的更重要的原因却是它那种自我牺牲的精神。你看,松树是用途极广的木材,并且是很好的造纸原料;松树的叶子可以提制挥发油;松树的脂液可制松香、松节油,是很重要的工业原料;松树的根和枝又是很好的燃料。

更不用说在夏天,它用自己的枝叶挡住炎炎烈日,叫人们在如盖的绿荫下休息;在黑夜,它可以劈成碎片做成火把,照亮人们前进的路。总之一句话,为了人类,它的确是做到了"粉身碎骨"的地步了。

要求于人的甚少,给予人的甚多,这就是松树的风格。

鲁迅先生说的"我吃的是草,挤出来的是牛奶",也正是松树风格的写照。

自然,松树的风格中还包含着乐观主义的精神,你看它无论在严寒霜雪中和盛夏烈日中,总是精神奕奕,从来都不知道什么叫做忧郁和畏惧。

我常想：杨柳婀娜多姿，可谓妩媚极了，桃李绚烂多彩，可谓鲜艳极了，但它们只是给人一种外表好看的印象，不能给人以力量。松树却不同，它可能不如杨柳与桃李那么好看，但它却给人以启发，以深思和勇气，尤其是想到它那种崇高的风格的时候，不由人不油然而生敬意。

　　我每次看到松树，想到它那种崇高的风格的时候，就联想到共产主义风格。

　　我想，所谓共产主义风格，应该就是要求人的甚少，而给予人的却甚多的风格；所谓共产主义风格，应该就是为了人民的利益和事业不畏任何牺牲的风格。

　　每一个具有共产主义风格的人，都应该像松树一样，不管在怎样恶劣的环境下，都能茁壮地生长，顽强地工作，永不被困难吓倒，永不屈服于恶劣环境。每一个具有共产主义风格的人，都应该具有松树那样的崇高品质，人们需要我们做什么，我们就去做什么，只要是为了人民的利益，粉身碎骨，赴汤蹈火，也在所不惜，而且毫无怨言，永远浑身洋溢着革命的乐观主义的精神。

　　具有这种共产主义风格的人是很多的，在革命艰苦的年代里，在白色恐怖的日子里，多少人不管环境的恶劣和情况的险恶，为了人民的幸福，他们忍受了多少的艰难困苦，做了多少有意义的工作啊！他们贡献出所有的精力，甚至最宝贵的生命。就是在他们临牺牲的一刹那间，他们想的不是自己，而是人民和祖国甚至全世界的将来。然而，他们要求于人的是什么呢？什么也没有。这不由得使我们想起松树的崇高的风格！

目前,在社会主义革命和社会主义建设的日子里,多少人不顾个人的得失,不顾个人的辛劳,夜以继日,废寝忘食,为加速我们的革命和建设而不知疲倦地苦干着。在他们的意念中,一切都是为了把社会主义革命进行到底,为了迅速改变我国"一穷二白"的面貌,为了使人民的生活过得更好。这又不由得使我们想起松树的崇高的风格。具有这种风格的人是越来越多了,这样的人越多,我们的革命和建设也就会越快。我希望每个人都能像松树一样具有坚强的意志和崇高的品质;我希望每个人都成为具有共产主义风格的人。

——引自陶铸《松树的风格》

书 法

历代书法家在追求"松"字书法艺术上各显其美,达到了形与意上的美的统一,为我们留下了许多书法艺术瑰宝。有的如松干笔直挺立;有的如松临渊,闲云飞度;有的似枯松古藤;有的如松枝探云欲飞;有的如屹立于山顶的巨松,气傲苍穹。秦汉以后,隶、楷的兴起,使"松"字呈现出方正有力的形态。

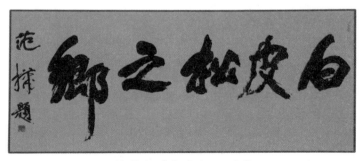

范桦 《白皮松之乡》

草书最能表现"松"字生机勃勃、千差万别的书法艺术。草书是书法艺术的最高表现形式，它连贯飞舞，如流云飞瀑、穿云破雾，如长龙时隐时现，体现了书法家卓越的思想境界。百人千书，从不雷同，如山野之间万株青松，远观相似，近瞧各异。

无论是书圣王羲之、亚圣王献之、草圣张旭、狂僧怀素，还是"颜柳欧赵"和宋时著名的四大书家"苏、黄、米、蔡"，他们都曾用草书来表现"松"字的形象。

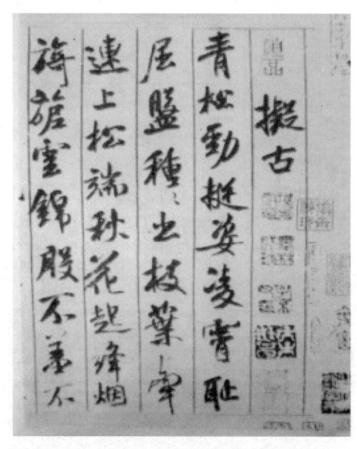

米芾《拟古》

宋徽宗崇宁元年（公元1102年），宋代著名四大书法家之一的黄庭坚与友人同游樊山，途经松间一阁，夜听松涛而成七言诗一首，题名《松风阁》。而《松风阁诗帖》墨迹，在他的传世作品中最负盛名。其风神洒荡，一波三折，意韵十足，不逊于王羲之的《兰亭集序》，直逼颜真卿的《祭侄季明文稿》，堪称行书精品。此帖经宋、元、明、清辗转流传，现藏于台北故宫博物院。

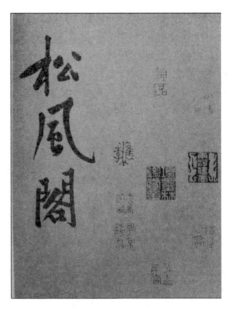

黄庭坚《松风阁》

现代以松为内容的书法作品中，毛泽东草书的《庐山仙人洞照》以松为内容堪称当代书法作品一绝。

近代中国出现三位对草书艺术做出巨大贡献的伟大书法家。一个是于右任，他规范了草书形体；一个是林散之，他刷新了草书的面貌；一个是毛泽东，他以一个无产阶级革命领袖的广阔胸怀，深厚的书法艺术实践，重兴了草书艺术。

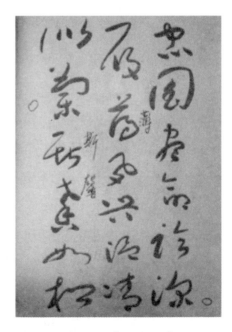

于右任《千字文》

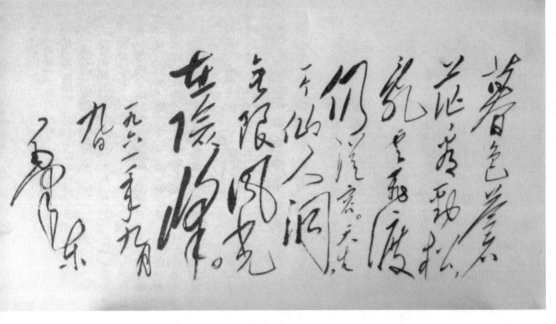

毛泽东草书《庐山仙人洞照》

从毛泽东的《庐山仙人洞照》可见其草书艺术的卓越成就。毛泽东草书融百家精神，形成了个人风格。其草书汪洋恣肆，跌宕起伏，法度严谨，结字神奇，俏俊飘逸，行笔如神，具有强烈的视觉感。连续不断，如松针成簇变化，似古松枝在庐山仙人洞前的缥缈飞云中时隐时现。

毛泽东草书艺术，龙蛇飞舞，大气磅礴，豪放酣畅，像蓝田白皮松那样优美长青，是书法史上一座巍峨耸立的丰碑。

神奇白皮松
SHENQI
BAIPISONG

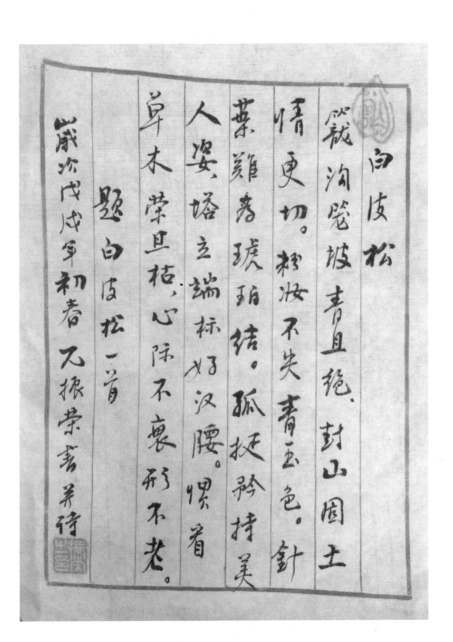

白皮松

截沟岂坡青且翠，封山固土
情更切。梳妆不失青玉色。針
叶难为琥珀结。孤挺矜持美
人姿，塔立端标好汉腰。惯看
草木荣且枯，心际不衰形不老。

题白皮松二首

岁次戊戌年初春 兀振荣书并诗

兀振荣《白皮松》

中国画

在中国山水画里，松树占了很重要的位置。有山必有松，松树成了画家笔下的随意之作。一些画家更是倾注毕生心血，专门画松，使松树成为独立的绘画题材。古人画松，多以松石点缀山水，这在唐代的山水画中已形成一种风气。当时出现了很多著名的松石山水画家，唐时张璪画松，很讲究笔法的运用，常以手握双管，一时齐下，一为生枝，一为枯枝，气傲烟霞，势凌风雨，槎牙之表，鳞波之状，随意纵横，应手间出，生枝则润含青泽，枯枝则惨同秋色。

五代后梁的荆浩，隐居太行山"洪谷"，他细致观察各种松的自然形态，尤其钟情"翔林乘空"、欲附云汉的古松，"携笔复就写之，入数万本，方如其真"。

宋朝的李成、郭熙、李唐、马远和元朝的王蒙都是中国古代画法自然的著名的松画家。

唐以前的松派画家注重真实物象的再现；五代以后的松派画家将松的自然变化和生活感受相结合，赋予了松人的品格和风骨。

"松鹤延年"是一个重要题材，其中以清代僧人虚谷的《松鹤延年图》尤为著名。此画作于光绪十五年（公元1889年），

明·陈淳《松石萱花图》

郎世宁《弘历雪景行乐图》

徐扬《万事如意》

画面奇峭隽雅，生动冷逸，意境清简萧森，情调新奇，画家以偏侧方折之笔画出松针与丹鹤，线条生动，笔断气连，极具形式之美，给人一种福寿康宁的愉悦感，体现出松鹤延年之高雅意趣，散发着潇洒出尘的飘逸情怀。

现代的中国画家仍继承了传统历史上松派的精湛技艺，一些画家吸取了外来绘画的优点，将其与传统的中国松画技法艺术相结合，创造了更为生动逼真、色彩艳丽的现代中国松画，使观者深受松树的挺拔、苍劲、顽强不屈和永葆向上的精神的感染。

第三章

神奇传说

出终南山辋川，左手箕山守护川口。与箕山相依的平顶山上，正值春暖花开。平顶山是座土山，古木参天，百鸟齐鸣，獐鹿穿没林间。这座平顶土山方圆40余里，只有南与终南山被小箕山相牵。东、西、北分别被灞、辋、浐、汤四水环绕，几乎四面绝壁。这里就是福、禄、寿三星观所在地，称为长寿山。

长寿山和终南山互为伯仲，是仙、道常聚之地，尤其是长寿山，土厚林密，曲径通幽。土山顶被从终南山旁的荆山流出的一股溪水劈作两畔，沿途逐渐形成滚滚荆河，从长寿山南流向北边与浐河水汇合。

传说长寿山上原本无水，因地下有条鲸鱼从渭水向东海而游，长寿山顶被拉成一条槽沟，水也随之流出，故称荆水河。荆水河沟被称为荆峪沟，也叫鲸鱼沟。

鲸鱼沟岸北有寿山道观，是福、禄、寿三星住地。福、禄二星常游于仙山海岛，不甚久住，只有寿星不爱出游，常住在寿山道观。

寿星座下有一道童，跟着寿星学道，也不知学道时间有多久远，只知他从凡间到长寿山学道时是壮年，久而久之听寿星讲修身之法，虽不到出道成仙之际，却越活越年轻。满脸的须髯不知怎地竟然脱落了，俨然一个少年，这可能就是民间传说的返老还童吧。

道童名叫鹿辰，平时听听寿星讲道家修炼经文，闲时就邀着寿星坐骑白鹿，去寿山道观周围牧鹿。白鹿原本是梅花鹿，因常伴寿星出行，听些修道之法，不知过了多少年，身上梅花点褪去，全身变成雪白色，而且愈来愈有灵性。

此时正是春天，鹿辰午后一声口哨，白鹿便从鹿苑中奔出。鹿辰伸出右手掌，白鹿舔了舔他的手掌，一声欢叫，奔向草地。鹿辰见白鹿跑入

草丛,任它而去,自己却向寿山道观南信步走去,口中唱道:

昆岗北兮,

寿山顶平。

万年茂木,

合围壮哉!

古木荫下,

绿草茵茵。

呦呦鹿鸣,

灵芝食用。

芊绵无边,

万灵栖栖。

天地久兮,

吾师春同。

鹿辰到底童心未泯,爱到寿山道观边的鲸鱼沟河去徒手捕鱼捉虾。捉得鱼儿就放在寿山道观中的防火水缸内,将小鱼养成大鱼后又放回鲸鱼沟河中。他不知将多少条小鱼养成大鱼,也不知向河内放过多少大鱼,总之,闲暇时除放鹿之外就是捕鱼、放鱼,这成了他的嗜好。师傅寿星看在眼里,也不阻拦。

一天,寿星让鹿辰牵来坐骑白鹿,告诉鹿辰:"我准备去道祖老子楼观台论道,你可愿去否?"鹿辰忙上前向寿星师傅深施一礼说:"小徒愿往。"于是,寿星骑着白鹿,鹿辰扬起柳条鞭,一阵风驰电掣、烟尘滚滚,不大工夫就到了终南山下的楼观台地界。

鹿辰随师傅寿星常去些仙家道观，见的世面多了，大有司空见惯之感。到道祖圣地，不经意间抬头一望，心中吃了一惊，道祖所居之地的美景他从未见过。只见到处栽种着修竹，从山下直通山腰，微风吹来，沙沙作响，非常美妙。他常听师傅寿星说长寿山是"林海"，道祖住地是"竹海"。想到此，不由细细赏起楼观台景色。

　　高山奇峻，走势峥嵘，脉接终南，顶接云霄。丹鹤鸣唱栖松柏，金猴时现荡藤萝。红日映竹海，香烟时闻绕鼻来，风在松间生，彩云飘飘放霞光，玉兔竹下跳来去，锦鸡野花争比美。又见千峰万崖放豪光，奇石嶙峋生瑞气。湖旁芳草飘衣带，涧水柔情恋游客，弯弯曲曲望回头。幽径卵石铺就，道旁芝兰散幽香，各色花草引蜂蝶，柳条依依拂人面，苔藓片片胜地毯。

　　正在鹿辰看景痴迷之时，寿星走下白鹿坐骑，说了声："徒儿你与鹿随便去吧，我去道祖那里论道去了。"

　　鹿辰听师傅一说，用手轻轻拍了一下白鹿屁股说："鹿兄，请到道祖福地一游。"

　　白鹿欢快地没入竹海。

　　鹿辰顺着师傅走去的道路，想到竹海深处看个究竟。

　　蓦地豁然开朗，阳光下一座金碧辉煌的道观矗立眼前。道观门上"楼观圣地"四字赫然醒目，时放豪光，朱红大门半开半掩。透过大门，见一宏大清静院落，无一声喧哗，只听数围粗的檀树上传来鹤声。

　　鹿辰好奇，只身走进道观院中。

　　道观原是依山而建，这院中四面阁楼是道士的住处和膳房。静悄悄的道院中，除了数根修竹之外，只有硕大的檀树直立院庭之中，其冠如

伞,大得遮去了院中所有的阳光,檀树身上挂满了四方善男信女答谢神檀的红色彩绸。

道院北是座石山,顶有一座亭台,亭台旁立一直冲云天的旗杆,杆上有面黄龙旗在微风中飘动着,不时传来"呼啦"声。道院到亭台之间是"之"字形石阶。

鹿辰沿石阶而上,"之"字形台阶拐弯处有一小阁,阁上用数根葫芦藤遮阳。夏季正是葫芦藤生长旺盛之时,葫芦藤上挂满了葫芦,绿莹莹的葫芦上还有白色绒毛。鹿辰伸手想摘颗葫芦送给师傅装养生寿药丸用,用手掐了一下葫芦表面,指甲深印显了出来。他觉得藤上的葫芦还有些生嫩,犹豫间,望见阁内的地上放了好几颗老熟的葫芦,就随手拿了一颗绑在腰间。

鹿辰走到亭台顶向北望去,发现这座道观要比前院道观更加辉煌,到处雕梁画栋,俨然又是一处宏大道观。这座道观原是道祖老子的讲经坛。经坛和人一般高,修建在靠北边"三皇殿"旁。

鹿辰看见师傅同一位身穿道袍、飘然若仙的老者坐在讲经坛上,方知那是道祖老子。讲经坛下,黑压压的一群人盘腿坐着,聆听道祖老子讲《道德经》。老子洪亮的讲经声穿遏行云,弟子们却鸦雀无声,静得连出气声都听得见。

鹿辰沿北边石阶下到讲经坛下,顺着北去的门道出了讲经坛院,发现竟然是一处鱼池。爱捕鱼捉虾的鹿辰喜出望外,走到池边,见池边石碑上刻了三个字——"放生池",原来这是道观的道士放生的地方。

鹿辰见池中有数百条鱼,习惯性地从衣服口袋中掏食物想喂这些生灵,怎奈袋内空空如也。他从身上取下在台阶拐弯处葫芦阁拿的葫芦,

山中的白皮松

用随身带的小刀将葫芦根部削掉,在放生池石碑上磕了磕,却不见葫芦籽倒出。随手在池旁的柳树上折了一根枝条,从切开的葫芦口往里搅了搅,又在石碑上用力磕了一下,这时葫芦籽洒得满地都是。他嫌鱼儿难以咽下,就用池旁的石子将葫芦籽捣了一捣,再用手掬起,将捣碎的葫芦籽洒向放生池内。

一时,放生池水突起涟漪,遂成小波。池中鱼儿抢食,掀起了阵阵波浪。

鹿辰好养鱼,见此情景,欣喜若狂,不由脱口而出:"讲经坛下鱼有道,放生池内'修'性高。修得万年鱼龙体,享受人间高香烧。"话音刚落,池内鱼群跳跃不断,在阳光下如白银闪光。

鹿辰感到这些生灵似乎听懂了他的话，不觉趴在水池栏上望着池中鱼儿。他仔细瞧着放生池中的鱼，有红色、黑色、白色等大小数百条，游来游去，和谐相处。在他正聚精会神地看着池中鱼儿游动时，忽然发现池边一条最大的银色鲤鱼半露着头，而且尾巴翘得高高地望着他。仔细看那条银色鲤鱼，嘴儿一张一合，似有话说，两眼竟然一眨一眨地望着他。鹿辰感到奇怪，他所见过的鱼儿从不眨眼，但这条鱼已在老子放生池内修得两眼眨动，而且目光诱人。

鹿辰见银色大鲤鱼似在乞求自己，就说："愿随我去长寿山吗？"银色大鲤鱼点了点头。

鹿辰将带的葫芦放在放生池中装水，想用葫芦带走银色大鲤鱼，无奈葫芦口太小，银色大鲤鱼根本无法装下。说来也奇怪，银色大鲤鱼游到葫芦口边，那葫芦口竟然变大了，银色大鲤鱼顺利游了进去。鹿辰哪知葫芦是老子装金丹的仙葫芦。也是鹿辰有仙缘，老子的装丹葫芦一直由炼丹童子看管，因今日听经人多，老子让他打扫讲经坛院子，他一时着急，忘了锁藏葫芦的阁门。

回到长寿山，鹿辰将银色大鲤鱼放在平日养鱼的防火水缸内。

一天，鹿辰发现防火水缸内原来养的鱼儿一个也不见了，只剩下从楼观台老子讲经坛放生处带回来的银色大鲤鱼。他想，其他鱼儿可能是被谁偷走了，他哪里知道，缸内原有的鱼儿全被银色大鲤鱼吃掉了。只见银色大鲤鱼孤独地在缸内游来游去，见了他摇头摆尾，一阵跳跃。他想可能是鲤鱼饿了，就用随身带的葫芦装了鲤鱼，准备将其放入鲸鱼河中。刚刚用葫芦装了鲤鱼，却听师傅寿星在屋中喊："吾徒，将白鹿牵来，我去南海菩萨处有约会。"

鹿辰一听，拿着装鲤鱼的葫芦，去平时白鹿常去的树林中寻觅。他连吹数声口哨，却不见白鹿踪影。于是顺着白鹿蹄印走到寿山东南处，见白鹿沿寿山与箦山的土岭向蓝田山跑去。

鹿辰一时性急，鼓起一身神力，飞山越岭来到蓝田山下的蓝桥处。他吹起呼鹿口哨，白鹿仰头鸣叫，告诉主人它所在之处。

鹿辰定神瞧望，白鹿原在碧天洞主洞门外的鹿台处，与几只鹿儿共卧休息。鹿辰上前，见碧天洞主不在洞中，他想可能也是到南海菩萨处去了。见碧天洞中有一水池，池水清可见底，就随手将葫芦中的银色鲤鱼放入池内。

银色鲤鱼连续三次跳起丈高，带起池水如柱。鹿辰用手抹去满脸被溅的水花向鲤鱼说："从道祖处来，到道仙处去，碧天池水清，变幻为无穷。"

鹿辰走出碧天洞，手一扬，一声呼哨，白鹿跃起，蹄下生风，回到长寿观中。寿星骑着白鹿去南海一游，会见众道友去了。

碧天洞乃天地造化的奇洞，洞有高台，台上有一可住小洞，有台阶可通小洞，此地是碧天洞主道府。大洞东南有一道天窗洞，阳光从洞外照进洞内，洞内显得明亮而幽静。洞底有一潭碧水，深达数尺，光亮照在洞底水面，水面如镜子般将阳光反照在洞壁上，随着洞外太阳移动。

碧天洞内这潭水叫碧水池，无论山外多旱，甚至蓝水断流，碧水池中的水仍始终如一。有年天气奇旱，蓝水干枯见底，人们吃水问题无法解决，碧天洞主让附近百姓在碧水池取水。当时远近数十里的人排队日夜提取水，但碧水池水量仍保持不变，而且水是冬温夏凉，入口甘甜，人们便称碧水池的水为天上"神水"。附近村民如有病，到碧水池取水一杯而饮，病去人健如初。

碧天洞道观

鹿辰将道祖老子放生池中的银色鲤鱼带来放入碧水池后，银色鲤鱼整日静卧水底聆听碧天洞主念经，觉得身体今非昔比，能大能小，加上原在楼观台听道祖老子宣讲《道德经》《清静经》《感应篇》三部道教经典，已有人的性灵。那日鹿辰用老子的葫芦盛放生池水，将银色鲤色装入其中，初入葫芦的银色鲤鱼感到如同进入昏天大海，茫茫无边，波涛汹涌，被水浪冲得昏昏沉沉，如同死去一般。原来老子在葫芦中装了八卦炉中的金丹，每年蟠桃会时赠送给众位神仙。葫芦里有乾坤阴阳之二气,星辰日月之光华,金丹装在里面时间愈久愈有神力。唐僧取经路上,老子坐骑青牛曾盗得葫芦下界为妖,凭此葫芦几次将孙悟空捉拿,可见此葫芦非凡间之物,威力非凡。鲤鱼那日被装入葫芦,本应化为脓血,但因里边盛了老子放生池水,水为鱼之命根,银色鲤鱼才得以保全性命。银色鲤鱼因祸得福,在宝葫芦中吸到阴阳二气,星辰日月光华,又增加了它的道根。鹿辰将银色鲤鱼放生碧水池内,将葫芦带回送给师傅寿星。从此寿星的龙头拐杖上,就多了一个装长寿药的宝葫芦。

人常说"鱼跃龙门",是说鱼类要修炼成龙,就得从黄河下游逆水而上,然后再跃过高高的龙门瀑布,便会化为龙,成为神物。银色鲤鱼也想成龙,但苦于久困碧水池中。它不知碧天洞主精通老庄之学,只要学得老庄真经,一样可以化鱼为龙。

一日,八仙来访碧天洞。八仙之一张果老请教碧天洞主变幻之术,碧天洞主言道:"老子《道德经》共八十一章,字字珠玑,只要参悟透彻,自然'显质'。庄子《逍遥游》说:'北冥有鱼,其名为鲲。鲲之大,不知几千里也;化而为鸟,其名为鹏。鹏之背,不知几千里也;怒而飞,其翼若垂天之云。是鸟也,海运则将徙于南冥。南冥者,天池也。鹏之徙于南冥也,水击三千里,抟扶摇而上者九万里,去以六月息者也。'"张果老等八仙闻之,点头会意。碧天洞主又说:"鹏之徙于南冥,即徙于天池也。可见鲲鱼之变幻无穷。吾处有碧水池,池水为天液,池中鱼为'稣',稣虽娇小,但死而复苏,反复万次,即为长生,与天地同寿,与万物通灵。"八仙受教,辞碧天洞主而去蓬莱渡海。稣鱼原是道祖老子放生池中的鲤鱼,受老子教化,道根弥深。这一番谈话恰恰被放在碧水池中的银色鲤鱼听得真真切切。此后,银色鲤鱼跃出水面,落在碧水池旁的石岸上,离水后很快就死去,但不久又苏醒,如此反复了万次,然后潜入碧水池水底。

到了这日晚上,银色鲤鱼想:洞主说我为"稣",反复万次即可得道,今晚趁夜深人静,待我出洞一试。

"稣鱼"跃出碧水池,从洞门口穿出,弹入蓝水中,它摇头摆尾,竟然化为一条银色小龙。因为"稣鱼"为一条雌鱼,所以化的银色小龙无须。

银色小龙又念洞主所说真言,变幻为一位绝色少女,这少女生得眉如柳叶,肌似羊脂;脸胜桃花色艳,乌发堆金凤钗;春笋纤娇媚姿动,秋波闪闪勾人魂;银白素衣雪仙子,柳腰稍动玉佩鸣,三寸金莲生微风;昭君美貌哪堪比,西施遇见逊几分,月里嫦娥羞奉酒,九天仙女亦如斯。

碧水池稣鱼变幻为龙,龙又变为美女,故人称美女为"淑女",因"淑"与"稣"字音相似。淑女站在蓝水桥头,此时月明如昼,淑女的身影在水中清晰可见。淑女轻移莲步,左顾右盼,上下又看了不知多少回,望着水中倩影孤芳自赏,好不乐哉。雌鱼变美女,也是性之所化。她想起自己数窃道祖、洞主及鹿辰真言,才有今日正果。如果不是这些道仙,哪有今日梦寐以求的美女之身。想到此,不由得提裙下拜,感谢三位高人相助。起身时由于向后倒退了半步,恰巧碰在蓝水石桥栏杆上,顺手在腰部轻轻一摸,感到背后硬邦邦、光溜溜

一片。正在午夜，四周静悄悄地无一人。她撩起后裙扭头细看，自己背后原是一片龙鳞，与鱼鳞相似。她一阵纳闷：背后为何未能完全变为人体。她百思不得其解，心想必是未完全掌握幻化之术导致的。突然想起碧天洞主曾说过："女闻人籁，而未闻地籁，女闻地籁而未闻天籁夫！地籁则众窍是已，人籁则比竹是已，敢问天籁。"意识到艺海学海无涯，幻化亦如此，都是自己学艺不精，修炼未到炉火纯青的地步，怎能怨天尤人。想到此，不平之心渐渐平静下来。

淑女即为美女之形，便不再回碧水池去了。于是在蓝山脚下的玉女洞中住了下来。

蓝田玉女洞曾是玉帝身旁玉女修炼之处，洞中一切生活用具仍在。淑女继续用之，过着半仙半隐生活。玉女洞外是条官道，即蓝关古道，属蓝桥驿所辖。每有路过车轱辘响，轿夫所抬轿吱吱呀呀声音，淑女都好奇地从窗户向外望，她初到人间，觉得一切都很新鲜。一日，门外来了一位老妪，向淑女讨水喝。

淑女掀起竹门帘，细瞧老妪。发现老妪白发苍苍如秋草，额上皱纹似沟壑；鼻如鹰嘴空中啄，口中黄牙露几个，两眼大小不相称，急闪不停似怪物；两条胳膊枯树干，半边裙罗露骨腿，绣花鞋里藏大脚，衣衫褴褛有怪味，满身灰土不停落，左手拄根怪木拐，右手指甲长似梭。

淑女见是一位怪模怪样、老态龙钟、步履蹒跚的老婆婆，便将已掀起的门帘又放下来。老太婆见状，开口说："我从悟真寺来，路此口渴，望淑女赐水一杯。"老太婆说话声音洪亮，而且直呼淑女名字。淑女感到惊奇，急忙又掀起门帘，轻声说："老婆婆，请到寒舍一坐。"

老太婆一字未说，用怪木拐杖挑动门帘，一股轻风随之而进。

淑女又是一惊。

淑女端来清茶一碗，老太婆接在手中，一饮而尽。淑女接连端了三次清茶，都被老太婆喝光了。

老太婆用手一抹喝过茶的嘴唇说："难得姑娘如此看得起老身，我认你为女儿如何？"

淑女沉默了一会儿，心想自己孤女一人，老太婆虽貌丑，但总比没有娘强，便小声告诉老太婆："我的背后长了一大片鱼鳞疥癣，怕惊了老人家。"

老太婆用长满长指甲的右手，揭起淑女后裙，看了一阵，忽然哈哈大笑说："癣是由'鲜'而来，鲜者，古时三鱼为鲜，即'鱻'，原来你是鱼精变化，也算与老身有缘。老身膝下有五百鬼子，无一女儿，你愿认老身为母，也好，从此我也有女儿了。"

于是老太婆端坐椅上，让淑女行了跪拜认母之礼。

原来，老太婆是西天如来佛旁的护法鬼母，她随如来到香火旺盛的蓝山脚下的悟真寺普度众生，在云中见蓝山脚下的玉女洞中有股灵气，按下云头，以探究竟，没料想却完了收一女的心愿。

鬼母告诉淑女，她有五百鬼子，食量大得惊人，无法养活，就将他们放入人间，五百鬼子靠吃人才能填饱肚皮。五百鬼子危害人间，如来得知，就将他和众西天菩萨的斋饭分了一部分给五百鬼子充饥。五百鬼子吃了佛斋，饥饿顿消，不再祸害人间，于是守在如来佛周围，保护佛祖。鬼母落得逍遥自在，再不为鬼子吃饭发愁。

鬼母对淑女说："你背后鱼鳞，也是龙鳞。因你修道较短，又急于变幻，虽盗听道祖和碧天洞主变幻真经，但未经三劫三难，故背后有龙鳞三百小片。只要吸食男子精血，即刻消失一片。"鬼母到底为鬼，因子得福成为四海游神，但魔性总还未完全消退，今日又收了义女，便吐露魔界真言。

淑女听后，又是沉默片刻。

鬼母见义女有点犹豫不决，嘻嘻笑说："自古为王为尊，即位初者，都是血腥而起，没有狠心，哪有恒心，持之以恒，必得大道。"

鬼母又让淑女近前，告诉她吸取男子精血之法，又从腰间袋内取出一丸药让她服下，增加她的道行。淑女羞答答地接了丸药，藏在身上袋内，对鬼母的话似有所悟，但仍不语。

鬼母告辞而去，淑女此夜辗转反侧，临明方才睡着。

淑女因被鬼母认为义女，又服了鬼母所赠丸药，功力又增了许多，人也变得更为妖娆。一日，她将发髻上的钗取下，坐在铜镜前，细瞧自己，觉得乌丝披发比挽着发髻更为诱人，也就不再梳高髻了。她又将原来的白衣素裙换掉，穿了一身玉女曾留在洞中的绿色衣裙，更为楚楚动人，一派仙女下凡模样。

自服了鬼母药丸，淑女那原来静心修道的心变得浮躁不安，时而出洞远望，时而进洞沉思。正逢盛夏，洞外一棵硕大的柳树，枝条如丝，长长垂下，偶尔一阵山风吹过，柳枝一阵摆动，如绿蛇乱舞。淑女见柳树枝间有一红嘴长尾山雀鸟窝，一只雀卧在窝内，一只则站在枝头相望。淑女想，人世间如此美妙，连鸟儿都相守相望。由此想到鬼母告诉她的男女之事，不觉脸上霞云浮动，胡思乱想起来。

此后，淑女常常坐在玉女洞外柳树下的石凳上，望着蓝关道上过往的行人，想着鬼母告诉自己除去背上龙鳞之法，但见道上人都急急忙忙赶路，无一人上玉女洞来。思量好久，她在玉女洞下的蓝关道旁，搭了一个茶水庵,舍水过往人群。

一日傍晚,庵中来了一位壮汉,浓眉大眼,口方齿白,短须长发,两膀粗壮,行路如风,右手拿一张弓,身上背了个兽皮袋,胯下有一箭囊。淑女见是一位猎户,人虽长得不是很帅,却十分健壮,便不由自主地细细端详起来。壮汉见淑女目不转睛地打量自己,毫不在意地大声说:"来碗凉茶。"

淑女双手递给壮汉一碗凉茶,并娇声娇气地说:"请壮士一饮。"

壮汉放下手中铁弓,双手接碗一饮而尽,又将空碗递给淑女。

递碗之间,两人四目相对。壮汉惊得倒退了几步,站定后两眼如钩望着淑女。他心想,我在蓝山狮子沟住了不知多少年,未曾见过如此美貌姑娘,今生若能与其同床共枕,也不枉当男人一次。

壮汉大胆走到淑女面前,深施一礼说:"今日得姑娘一碗清茶,味如甘露,饮后心旷神怡,不胜感激。冒昧敢问姑娘住在哪里?何方人士?"

淑女告诉壮汉:"小女住在路旁玉女洞中,姓余,名叫淑女,上无父母,下无兄弟姐妹,独自一人生活。"

淑女胡乱地说她姓余,而且话中有话地告诉壮汉自己独自一人。

壮汉客气地告辞余淑女,向东南的狮子沟而去。

壮汉不是一般人物。他原本是玉皇大帝御花园内兽山上的一头雄狮,因初长成,健壮强势,吃掉了一头母狮所生的五头幼狮,欲霸占母狮,与老雄狮相斗,又咬死了老雄狮。那日恰好玉帝游园,听得狮吼,到兽山一观,见小雄狮竟残忍杀死同类,一气之下,将小雄狮打入人间,让它在狮子沟受苦受难。小雄狮坠入人间,变为一健壮男子,起名师雄,靠打猎为生。多少富家美女向他求婚,他一概拒绝。今日见了余淑女却被迷得神魂颠倒,半夜饮酒不眠。

师雄喝得有些醉意，走起路来东倒西歪，打开柴门，见一轮圆月当空，蓝山如黛。一阵夜风吹来，清醒了许多，余淑女的影子不时在他脑海出现，又想起她说自己独自一人，那不是一句暗语是什么。师雄也不再想什么，趁着夜深人静，独自顺着蓝关古道向北去找余淑女。

师雄按余淑女白天告诉他的路线，一阵疾走，不大工夫就找到了玉女洞。

已是子时，玉女洞中仍有烛光。师雄心想，她是在等我么？走到洞门前，也不敲门，用手将门轻轻一推，门"吱呀"一声被推开。原来淑女根本没有关洞门，这是她的习惯。

师雄以为淑女有意没关门，是等他前来，一阵惊喜。

淑女因半夜看经卷，方才睡下，听得一声门响，半撑起身子颤声问道："谁大胆半夜来我洞中？"

"是白天讨茶水喝的师哥哥来了。"

淑女用眼一瞪："你夜来闯我洞府，不怕我吸干你的精血？"

师雄嘿嘿地说："美人，你要了我的命，我都给。"一边说，一边用右手揭去淑女盖的被子。烛光差点被扇灭，晃闪了几下，又照亮了洞府。

淑女露出雪白胴体。

师雄露出了雄狮本性，扑了上去，淑女半推半就，两人紧紧地搂在一起。

淑女用鬼母教她的闺中秘法，沉浸在淫乐之中，几乎吸去了师雄全身精血。

师雄一夜狂欢，等到天微明才出洞而去。

师雄走在路上，感到浑身无力，两腿发软，头昏眼花，身体像被掏空了一样。

淑女初试云雨，又得师雄精气，喜不自胜，不由自主在背后一摸，发现龙鳞褪去了好大一片。她哪知师雄乃玉帝御花园兽山上的雄狮，非凡间俗身，一人可顶数十名凡间男子，背后龙鳞自然褪去一大片。

师雄经一夜床上与淑女恋战，受妖法迷惑，身体大不如前，但心情总觉美滋滋的。

第二天晚上，两人又是一夜折腾。师雄只觉下体像被抽吸一般，昏沉沉睡在淑女身旁。不知过了多久，师雄才慢慢醒了过来，睁眼一望，见淑女背部一片龙鳞，非常吃惊，急忙穿了衣服，连滚带爬地回到了狮子沟家里。

师雄回家后，休息了整整一个月，才觉身体有所好转。想起淑女背后的龙鳞，心想自己可能被女妖所骗，懊悔极了，咬牙切齿地说："此仇非报不可。"他开始在家调理身体，恢复雄风，并练起狮子功，运气聚收阳刚之气。

师雄又经一月恢复，虽没有从前那样刚强，但觉得功力已恢复八九成。他报仇心切，从门背后拿起砍柴利斧，趁着天刚刚黑，怒冲冲地去找淑女讨回公道。

再说淑女两月未见师雄，心里总惦记着他，尤其到了夜晚，万籁俱寂，听着蓝水河哗哗流水，心里暗暗骂着负心郎竟然这般绝情。淑女银河初渡，初尝阴阳二气和合之欢。虚掩的门，几次被夜风吹开，她从被中抬头望去，却未见有人走进洞中，心中又是一阵惆怅，一阵酸楚。

洞门"哐当"一声被师雄踢开，刚刚睡下的淑女抬头一望，见师雄满脸怒色，也不见怪，侧身坐起，笑容可掬地说："你这没情意的狠心郎，为啥多日不见,快来上床。"

师雄右手从腰间抽出利斧,左手拉掉床上被子,只见淑女皮肤比以前更白皙,身材更丰满。师雄右手的斧子高高举在空中,不忍心砍下。

淑女见状一愣,娇滴滴地骂师雄:"你这负心郎,不念旧情,竟用斧来杀我。"

一句旧情让师雄想起来那两次差点要了性命,便不由得张口大骂:"既然爱我,为何掏空我的精气,你这妖女不除,不知还要害死多少人。"

淑女嘻嘻一笑:"怎能怪我,两次都是你找上门来,想占便宜,贪图快活,觉得自己吃了亏,就来要我的命!"

师雄哪由她强词夺理,用力挥起利斧向淑女掷去。

淑女急忙侧身一躲,躲过利斧。利斧深深地插在了洞中一根木柱上,斧把翘在空中。

师雄见淑女轻身躲过利斧,随即一个健步跨到淑女身旁,张开右手,猛地向淑女一掌劈去。

淑女一边轻身躲过,一边下了床,站在床沿旁说:"你这莽汉,还真的要杀本姑娘。那我也不客气了。"顺手拿起床上沉甸甸的蓝田玉枕,向师雄抛去。

师雄右手一掌劈空,左手刚好碰到木柱上的利斧把,闪过砸来的蓝田玉枕,顺手取下利斧,向淑女砍去。

淑女急忙向洞外跑去,拿起一根千年铁匠龙木顶门棍,以作防身。

师雄见淑女带棍跑出玉女洞,右手提着利斧,追了出去。

玉女洞外另是一番景象:繁星满天,山峦如海,松涛阵阵。蓝水河流水被河中石头阻起的浪花粼粼闪光。

师雄到了洞外，注目细看，淑女手提一根木棍，站在洞外大柳树下，竟然招手叫他："今天你能杀了本姑娘，算我修道不深，绝无怨言。"

师雄见淑女毫无畏惧的模样，还拿话激他，脚下一阵风起，蹿步向前，鼓起勇气，用手中利斧向淑女再次砍去。淑女不慌不忙，用手中木棍向斧刃挡去。只见火星四溅，木棍碰在斧上丝毫无损，却碰得利斧刃缺了个口子，引得钢花乱崩。

原来，淑女手中木棍乃是一根千年铁匠龙木。据当地人说，铁匠木长得非常慢，数十年长的没有一根小木棍粗，叶子小如冬青叶，四季常青，一般斧子根本无法砍断它。铁匠木放在水中，会沉在水底。其木坚硬如铁，斧砍不下，所以叫铁匠木。淑女手中木棍乃蓝山神送给玉女当作顶门棍用的千年铁匠龙木，木棍身上满是疙瘩，光光亮亮，已有千年，故称千年铁匠龙木棍。

师雄见自己的利斧被淑女用千年铁匠龙木棍撞了个大口子，大惊失色，只得时时避开木棍，乘虚用利斧朝淑女身上砍去，却斧斧落空。

一番斗打，淑女才知自己手中木棍非一般俗物，胆子大了许多，就用手中千年铁匠龙木棍朝师雄横扫过去。师雄急忙用斧子挡去，却听"当啷"一声，利斧被木棍打向老远，落在地上。

师雄见手中没有了利斧，急得一身冷汗，便朝地上一滚，显了原形，竟变成一头凶猛雄狮，张开血盆大口，吼叫着向淑女扑去。

淑女见状惊异万分，原来壮汉是头雄狮，无怪乎精气神十足。她用千年铁匠龙木棍乱向雄狮身上打去。

雄狮对打在身上的木棍，像给它挠痒痒般毫不理会，抖起头上长毛，眼如铜铃，口如血盆，獠牙外露，前爪伸向空中，恶狠狠地想将淑女一口吞下。

淑女急得露出原形，化为一条银色小龙，盘旋飞舞，直搅得蓝关古道飞沙走石，星月无光，地动山摇。

一场罕见的狮龙大战，在夜晚无人知晓的境况中拉开。

人常说：狮虎归山，蛟龙潜海，是说它们各自有着归宿之地。其实，它们也依靠自然优势，将能力发挥到极致。雄狮仗着在蓝山脚下，正好发挥它的威力，也不在意银龙神威，怎知银龙是碧天池水养成，又久住蓝水岸边，聚得水中灵气，愈战愈勇。

雄狮非人间一般凡物，本能与银龙打个平手，岂知两次贪恋美色，被银龙两次吸去精气，故不能久战，只得退往常住的狮子沟。

银龙紧追不舍，追到狮子沟口。

雄狮到了自己属地，胆子大了许多。回头望见银龙仍紧追不舍，于是蹲在地上，张开大口，向着银龙一阵喷火。

银龙见一阵五味真火喷来，顿觉身上有灼烧感，也急忙张口吐水相迎。火势渐渐退去，雄狮因阳气大亏再无力吐火迎敌。

银龙口中水愈吐愈猛，如翻江倒海一般。眼见狮子沟被淹，雄狮只得退守山头。雄狮退守山头，仍见洪水猛涨，站稳四足，屹立山顶，作垂死一吼，地动山摇，水势渐退。由于用尽平生之力，雄狮力竭而死，化为一尊石狮，永立山峰。后来人们见狮子沟山顶上一只石狮子如山峰一般立在那里，就将狮子沟称为"狮峰"村。银龙与雄狮一战后，又恢复美女之身，仍住在玉女洞中，继续在茶坊卖茶。她的茶坊处在蓝关古道旁。古道是古时南北大道，是南方才子上京考试和由京城长安去南方上任官员必经的官道。

官道上常发生风流才子和贪色官员失踪之事,官府破案,总是无法查找,案子也就成为悬案。岂不知这些都是淑女所为。那些相貌端正又贪淫好色的男子,夜宿玉女洞中,一夜快活,到天明竟成一具骷髅。淑女每吸取一位男子精气后身上就消失一片龙鳞,这时背后只剩下手掌大般数片龙鳞。

战败雄狮后,淑女常受鬼母传些妖法,导致其慢慢失去善根,已害死贪色者二百余人,她总是趁天色未明时将尸体抛在"尸沟",然后用沙土掩埋。不料一年夏天,暴雨一直下了一天一夜,山中洪水似海,直冲得山沟如洗。"尸沟"的黄土也被洪水冲走,露出了堆积如山的尸骨。村民见状,自发地用沙土掩埋尸骨,并在沟口修了一座阎王殿,也叫阎罗寺。日子久了,人们就把"尸沟"称作"寺沟"。寺沟就在今蓝桥镇相邻之地,属葛牌镇所辖。

"尸沟"暴露后,一股冤气盘旋不散。长寿山上的寿星一日出门往东南一望,见有股冤气在南山盘旋,将鹿辰唤来,让他去东南冤气处一探究竟。

鹿辰虽为寿星牧鹿,但由于常常随师傅走访上界道仙,又加之时常帮师傅采集长寿草药,制作长生不老药丸,处处留心,道行愈修愈深。鹿辰听师傅让他去寿山东南方向查访冤气之事,便出寿山道观向东南望去,果真冤气成团,久聚不去。师傅有旨,哪敢怠慢。

鹿辰由于长期牧鹿,已练得走路能御风而行。神鹿飞奔,日行万里,山巅林丛如行平地,因而只用了片刻时间,鹿辰就到了"尸沟"岸边,发现冤气是从"尸沟"升起的。他走到沟内,见具具白骨堆积如山,原是被人用黄沙掩埋,今日被洪水冲出,冤气升腾,直冲山顶。鹿辰心想,有冤气上升，说明死者生前一定被冤杀。杀人者不知用何方法，竟然冤杀众多人而无人知道。

鹿辰多年牧鹿，牧鹿时打开鹿苑门，让神鹿自由出走，每到师傅需乘坐或到晚上时，他吹哨呼唤，若不见回，就顺着蹄印寻找。长年累月，季节更替，他的眼变成了一双慧眼。只要人、神、道、仙、兽从一处走过，无论时隔多长，他都能低头寻踪，知是何物。

鹿辰在"尸沟"周围转了一圈，睁大慧眼，发现到处是一女人的娇小脚印，除此再无任何其他足迹，又发现脚印来去都朝着蓝山脚下的蓝关古道。他穿林过溪顺着脚印走下山坡，到了蓝关古道蓝桥驿旁。

蓝桥驿是长安到江南的关隘，四面修着高高的关墙，南北两门有驿卒把守，驿站北面的蓝山脚下古道上有一个草庐，门旁挑起写着"茶坊"两字的杏黄招客旗，在山风中猎猎作响。

看到茶坊黄旗，鹿辰觉得稍渴，进店以讨茶喝。

鹿辰大踏步进店，店内空无一人。

茶坊女主人听店内脚步声响，掀起内房的竹帘，见一位年轻人坐在茶桌旁。随即转移莲步，来到客人跟前。

鹿辰见一女子提壶来到桌旁，抬头细瞧，却是一位绝代佳人。长发披肩乌云动，脸如玉盘放豪光，两只凤眼勾人魂，微微张樱桃小口，素衣绿裙荷花开，一声莺啼呼客来。

鹿辰至今是童身。他听师傅寿星常讲，只有守身修行，不为色欲所动，日久便会有金刚之身，百毒不侵，其寿如山。他随师傅曾去琼海诸仙岛,见过许多仙女,心静如水,从未有过异想。他想今日在蓝山下的蓝桥古道上的茅草茶坊内,竟藏着一位从未见过的美艳丽人。

当鹿辰抬头看茶坊女主人时,茶坊女主人也看了鹿辰一眼,她刚刚提壶准备倒茶之间,迟疑片刻,感觉座上客人似曾相识,随口娇声问:"客从何处来,小店不觉蓬荜生辉。"

鹿辰漫不经心地说:"远在天边,近在邻里。"

"小女愚钝,请道其详。"女茶坊主又是一句追根问底的话。

鹿辰见不好推托,又见女子长得如花似玉,心中爱慕,不觉说出真相:"我是长寿山寿星座下牧鹿道童,受师傅吩咐来查一冤案,到此讨一杯茶喝。"

茶坊主人听后,忙给鹿辰斟了一碗香茶。知是寿星牧鹿道童,是自己得道成仙的恩人。昔日曾为道祖老子放生池中一条银色鲤鱼,是这位恩人将她放在碧水池里成为鲶鱼,鲶鱼聆听碧天洞主变幻真言,鱼化为龙,龙又修得人形。没有鹿童怎有今日,今日恩人至此,又不能天机泄露。那日道祖放生池里,她见鹿童喂鱼,心中就有爱慕之情,只是鱼人互为异类,不能沟通。如今修得美女人体,定要与他再续前缘。

淑女知鹿童长随寿星,见过许多道、仙、佛,学得众多道术,如果说明此事,他一定推辞。随后转过身子,摸了一粒迷人药丸,趁鹿童望门外时,偷偷放在茶碗内。

如在平时,鹿童定会觉察,但见美貌丽人,喜从心来,也不细看,端起茶碗将药丸与茶水一并喝入肚内。

喝下迷人药丸,鹿辰只觉昏昏沉沉,趴在茶桌上睡去。

鹿辰醒后,只觉身旁异香,似觉有一女子睡在身旁,惊得忽地坐起,摸了摸腰间师傅所赠锁阳带,发现其仍紧束腰间。幸好锁阳带发挥了神力,自己在睡梦中未曾被身旁女子偷得真情。

鹿辰静目审视,原来身旁女子正是茶坊女主人淑女。

淑女见鹿辰醒来,掀开身上被子,露出雪白丰满的身体,竟然一丝不挂地紧紧依偎在鹿辰身旁。

鹿辰轻扫一眼,不为所动。

淑女自昨晚将昏迷中的鹿辰背回玉女洞中,想生米做成熟饭后,再说明他俩的情缘。怎知鹿辰腰带如生根一般捆在腰间,折腾了半夜也没法解开。

淑女见鹿辰不为自己露出的美体所动,只得站了起来,解开长发,披在身后,两只纤手叉腰,两脚挪移,在床上跳起裸体舞。洞中的烛光被舞动的身躯搅得摇晃闪动。

淑女用尽浑身解数,见鹿辰仍无动于衷,像座石雕像一样呆坐在床头,心头更加爱慕鹿辰道行深厚,不动女色。在停舞转身瞬间,鹿辰见淑女背后有手掌大一块鳞片,在灯光下闪烁,心中突然想起,这美女不正是我放在碧水池中的银色鲤鱼么?如今修得女身,残害过往男子。师傅让我寻踪查案,顺着线索追到茶坊,原来是鲤鱼精作案。

鹿辰不由得破口大骂:"好个鲤鱼精,不念道祖和洞主好生之德,残害众多生命,今日收你回碧水池去,让你再勿危害人间。"于是从腰间取下牵鹿仙绳,向淑女抛去。此绳有捆妖威力,鹿辰想用来捆住淑女。

今日淑女已非稣鱼,已得不死之法,又有变幻之术,只用手轻轻一抓,牵鹿仙绳就变作一团落在床边。

鹿辰一惊,原来鲤鱼已修成大乘道行,顺手又从床上抓起淑女蓝田玉枕,用力向淑女抛去。

淑女嘿嘿一笑说:"师兄如此绝情,也罢,怪我多情。"一手接了玉枕放在床上,一手拿起衣裙遮体。

鹿辰手中没了降妖之物,只得鼓起神力,用起师傅教他的擒魔手段,向淑女猛地伸掌一击。淑女觉得来掌如排山倒海一般威力无穷,怕伤了身体,一个"鲤鱼戏水"跳出洞外。

淑女在前面向西北奔跑,鹿辰在身后紧追,直追到长寿山上。淑女自修成银色小龙后,只在碧天洞周围的蓝关古道中活动,未曾到过长寿山。今日一见,果是仙家福地、寿星家园,处处松柏参天,鹿鸣鹤翔。为了躲避鹿辰追赶,她藏在一棵犹如磨盘粗的古松背后。鹿辰有辨迹慧眼,岂能容她逃脱。

走进长寿山密林,霎时不见了淑女,鹿辰细瞧地面,顺着淑女脚印,发现了淑女藏身之处。淑女见无法躲过鹿辰慧眼,只得从古松树后站了出来说:"师兄,我念你对我有引渡情缘,又爱你潇洒英俊身姿,无害你之心,为何要紧追不舍,擒拿于我?"

鹿辰一字一板地说:"你残害众多生灵,法理难容,独爱我身,岂不辱了我鹿辰威名?"话音直响云霄。淑女知自己难于取胜鹿辰,只得化为银色小龙,缠绕在一棵松树上。

鹿辰见淑女化龙,知她已得幻术,必有些手段。于是走向林间小道,想到寿山道祖借给师傅用来盛寿药仙丹的葫芦收取小龙。因他知自己曾用药葫芦将小白龙原身鲤鱼从道祖放生池装回,心想此物一定降得住银色小龙。

银色小龙以为吓走了鹿辰,于是将身体缩得如同一条小蛇,钻在树根洞下休息。

鹿辰向师傅说了冤气聚集之因,又将当年自己从道祖放生池带回的银色鲤鱼放在碧水池内过程说了一遍。

寿星说:"放也因你,收也是你,你用我装仙丹葫芦一试,将它捉回送到道祖处就是了。"鹿辰将葫芦内的寿药丸倒在师傅的琉璃瓶内,拿了葫芦去收银龙。

鹿辰带了师傅盛长寿药丸的葫芦到了古松跟前,仔细一瞧,见古松树树洞中盘了一条银色小蛇。知是银色小龙缩身变化,他忙打开葫芦盖塞,对着树洞说:"孽障,还不快快入内。"

还未等小龙明白,只见一股强劲吸力将小白龙吸起,小白龙不由自主被吸成直直的一条线状,钻入葫芦之中。鹿辰急忙盖好葫芦口,去楼观道祖那里。

寿星装长寿仙丹药丸的葫芦,是道祖盛装金丹的神物。寿星和鹿童将在长寿山上采的松茸、灵芝、梅蕊、菊花、千年蜂蜜以及河岸修竹叶上的甘露配以寿山凤巢边上的紫草,取得四海龙涎,日采阳光,晚浸阴气,万次调剂,方才制得长寿仙丹,装在葫芦内封存。久而久之,葫芦壁已受寿药味浸染,威力已超过道祖装金丹的葫芦。

小白龙被收进寿星装药丸的葫芦,感到与上次在葫芦里境况迥然不同,只觉香风阵阵,寒冷异常,天昏地暗,不知有几千里广阔,又似海涛拍岸,只得蜷作一团,息气蛰伏,任凭风吹浪打。

道祖楼观台,鹿辰已去过多次,线路很熟悉,所以不大工夫已到道祖宝地。他先到讲经台,又到道祖卧室,均未见道祖。经问值日道人,值日道人遥指西南边的终南山腰,告诉那青烟袅袅升起之地,正是道祖炼丹之处。

鹿辰将葫芦盖又紧按了按，拿上葫芦，穿过一片竹海，过松竹桥，跨绝峰岭，登上深入云中的天梯，直累得满头大汗，浑身湿透，不停地用袖子擦去脸上汗水，才到了道祖炼丹处。

炼丹炉摆放在偌大的山顶平台上。平台四周生长着大量的古松和青竹，密不透风，是炼丹处的天然围墙。一座高大似鼎非鼎的铜炉摆在场地正中，炉下四周烧着火，两个道童用芭蕉扇不停地向炉中扇风，炉火熊熊燃烧，铜炉顶盖热气腾腾，原来这上升起的青烟非烟，而是炼丹炉中的蒸汽。

道祖半躺在藤椅之上，一边喝茶，一边指挥烧火童子在乾、坎、震、坤四个风门交替挥扇扇风。

鹿童走到道祖面前，深施一礼。双手将师傅装长寿药丸葫芦捧上说："此物原是道尊师傅之物，我顺手取得送给我师傅寿星装丸药用，请恕我不恭之罪。"

道祖喝了一口茶说："我是有意送给寿星的，是让你带回，不然你就是坐在葫芦棚下，也看不见我的葫芦。"

鹿辰方知道祖道行深不可测，又深施一礼说："师傅让我用此葫芦收得一条妖龙，命我送到此处，请您处置。"

道祖听说，将葫芦接在手中，轻轻一摇，拔开葫芦塞子，说声："孽障还不出来！"

只见一束光亮射进葫芦，小白龙顺着光亮如电一般飞出，落在地上，还想鼓起以显示白龙庞大身躯，忽然感到身上如万箭穿心，只好敛气静卧在地上。

原来道祖见小白龙飞出,怕它逃走,用拂尘一挥,用法力罩住了小白龙。

道祖从竹藤椅上站起,围着小白龙转着看了一圈说:"原是我放生池中银色鲤鱼所变化,也是与我有些道缘。此鲤鱼窃听真经,又在碧水池中内修道,两次葫芦盛装,吸得乾坤二气,尤其你这次用寿星装寿药丸的葫芦装它,从寿山到讲经台两个时辰炼化,它不但未被化为脓血,反而受仙丹药薰,增加了它的道行。原已有不死之术,今又有长寿不亡之技,罢了,罢了,天意如此,奈其如何?"

道祖从地上捡起小白龙,用乾坤仙镜一照说:"原是条雌鲤鱼,曾为脱去背上龙鳞,吸去二百余男子精气,也怪那些男子贪淫好色,但也不至于取其性命。"道祖手中小如壁虎的小白龙,似有羞愧之感,不断向道祖点头认罪。

道祖见状,也不忍心要小白龙之命,向小白龙喷了口气说:"我正缺个女童,现身女童,作个侍童也好。"

道祖话音刚落,忽见地上站了一位亭亭玉立、婀娜多姿、身穿绿袍的女道童。

女道童向道祖施礼,并谢道祖不杀之恩。鹿辰见道祖收小白龙为道童,也觉恰当,遂告辞而去。

此后,道祖老子身旁多了一位女道童,晚上为道祖铺床叠被,白天服侍道祖。道祖出远门时,她变作一把龙头拐杖,好让道祖有个扶持。

一日道祖来到长寿山找寿星谈玄说道。进长寿道观后,鹿辰告诉道祖,师傅去碧天洞主处,相商去南海会诸仙一事。又对道祖身后女童说："请师妹于道观中稍歇。"

女道童见到鹿辰，又想起自己曾为取得鹿辰爱慕之心，浪荡不羁之事，不觉脸上红云再起，向鹿辰斜身一礼："多谢道兄关爱。"于是跟着道祖往碧天洞而去，临行总是频频回头死死望着鹿辰，有点恋恋不舍之意。

因从长寿山去碧天洞主处全是山坡，女童遂变为龙头拐杖，扶着道祖，走上蓝关古道。

道祖到了碧天洞时，将手中龙头拐杖放在洞外，只身进洞会见两位道兄。

龙头拐杖是当年鲧鱼所化，望见碧天洞中碧水池不由想起当年往事，今归道祖收留，重塑善心。那日被鹿辰装在长寿药葫芦内，得了长寿山灵物宝气，除了可以化身为龙，还可变幻为长青树木。她见碧天洞外有棵七拐八歪的松树，也想变身为一棵松树，试试道行。

龙头拐杖被一阵山风吹倒在地，趁着风势滚到洞外平地，忽地站起，拐杖身直插入土中，霎时碧天洞外一棵枝干白色、叶绿繁茂的塔形松树长在地上，与旁边弯曲不正的松树相对而立。

有首《调笑令·咏白皮松》说得好：似塔，似伞。美人借来遮面。皓腕玉肌冷颜，娟月隔云偷看。偷看、偷看，风姿百看不厌。

道祖随碧天洞主、寿星走出碧天洞外，在洞旁寻找女道童变的拐杖，忽听碧天洞主说："怎么洞口平地多了棵秀松？"

道祖走到秀松前，睁开法眼，知是弟子女道童所化。正是仲夏，只见上面有龙鳞斑斑，有的紧贴树干，有的翻张欲脱。

松针叶又嫩绿又长，那是淑女秀发所变；枝间长着两颗又大又绿的绿松果，是淑女乳房所变。

三位道友围着秀松转了几圈，看了又看，觉得此松树生机勃勃，秀丽动人，树干白而有鳞，与其他松类有别，想着给它起个好名子。碧天洞主说："应叫龙松。"寿星说："应称秀松。"道祖说："还是叫个俗名，称作白皮松。"

碧天洞主与寿星拍手称赞："这名好记，就叫她白皮松吧。"

道祖此时道破真相说："白皮松是我女道童重回故地，念旧地生长之情，试变长寿树木而为。"

两位道友拍手叫好。

道祖用手轻抚白皮松，小声说："徒儿既然喜作长绿之神，那就留在碧天洞外吧。庄子说过，'今子有大树，患其无用，何不树之于无何有之乡，广莫之野，彷徨乎无为其侧，逍遥乎寝卧其下'。"道祖欲向碧天洞主告别，忽见寿星也摸着白皮松有点不肯离去，想到寿星徒儿鹿辰与女徒恋情，又折回头对着白皮松说："师傅送你四句偈语，日后必然应验。"偈曰：

放生池中鲤鱼游，

机缘碧池化为酥。

不老仙丹助造化，

他日长青伴白鹿。

此后，道祖老子再没有龙头拐杖了。我们现在见到的老子画像，总是不挂拐杖的样子。

不知过了多少年，碧天洞口周围到处都是白皮松，就连碧天洞顶上的花岗岩石壁上，也遍长着白皮松。尤其是那些老态龙钟的白皮松，是现在白皮松的祖先，虽个头不大，但树龄也在千年以上。

长寿山经明代两次移民开发，变成了现在的白鹿原，如今白鹿原上的白皮松连片似海，正应了道祖老子所说"他日长青伴白鹿"的偈语。

第四章

名地情影

《西安晚报》环保专栏作家,现已到耄耋之年的雨辰老先生,是蓝田水文环保的活历史。他生在蓝田、长在蓝田,并用毕生之力考察蓝田,撰写了《蓝田水文志》。他走遍蓝田的山山水水,目睹了蓝田白皮松蓬勃繁荣、产业兴盛的景象,在《西安晚报》上发表多篇具有独到见解的散文赞美白皮松,影响了一大批人,使蓝田白皮松享誉华夏。在首届西安古诗词大赛上,他一气呵成,连作了三首词和两首七律诗来赞美白皮松。

减字木兰花·春访看松

春日春访,辋川山水好春光。

游人如织,无限深情在松乡。

春风春华,白皮松下听春潮。

身在沟坎,志在天下伴舜尧。

浣溪沙

今朝携手入园林,

曾立崖壑不争春。

野谷凝睇冰雪深。

幸选入京身价倍,

因缘稀有殿堂侧,

玉臂拂堂伴英魂。

鹧鸪天

肤若敷粉百花妒,

远山修水无心驻。

移栽园林伴墙护,

亭立道旁矗玉柱。

浓浓冬,冰雪厚,

谁能将春留得住?

唯此葱葱两行树。

白皮松(一)

凌崖拂云展青柯,

纵使风霜无奈何。

粗皮鳞裂憋足劲,

森利剑叶刺寒月。

孤挺端标冲千霄,

饱经寒暑永不凋。

惯看鹤盘云山下,

一岳一壑尽自豪。

白皮松(二)

笼沟笼坡青且绝,

封山固土情更切。

粉妆不失青玉色,

针叶难缀琥珀结。

孤挺矜持美人姿,

塔立端标好汉腰。

惯看草木荣且枯,

心际不衰形不凋。

每一棵古老的白皮松,都有一段神奇动人的故事!

汉中午子山白皮松林

追寻白皮松古老的历史,在现存的古名树中可得到答案。

位于陕西汉中市西乡县城东南的巴山北麓,有一名胜风景区,称为午子山风景区。午子山的主要景区以数万株挺拔苍翠的白皮松景观林区为代表,面积约 25 平方千米,是全国除蓝田以外较大的集中连片的白皮松林。午子山高耸入云,层峦叠嶂,壑幽林密,山上云雾缥缈,集秦岭的伟岸、巴山的幽雅、汉水的逸秀于一体,有"陕南小华山"之称,是我国早期道教活动的圣地之一,也是陕南道教活动中心。绝崖峭壁上,午子观、禹王庙等道观、古寺内外,白皮松株株龙鳞披身,冠如华盖巨伞,在虚无缥缈的云雾中时隐时现,一阵钟鼓声传来,引得鹤翔鹿鸣,那仿佛是到

汉中午子山白皮松林

神奇白皮松

SHENQI
BAIPISONG

了南海仙山。

午子山上最早的白皮松,树龄已在2200年以上,是见证"楚汉相争"的君子树。此地是汉高祖刘邦爱妃戚姬母子埋葬之处,当地人也称其为母子山。

汉高祖刘邦与西楚霸王项羽反秦,约定先到关中者为关中王。刘邦采取避实就虚策略,早先到达咸阳。项羽不守信诺,将刘邦贬为汉王。刘邦久有夺天下之心,怎奈势力单薄,只得屈居汉中,久图良策。

刘邦到了汉中以后,才知汉中是夹在秦岭和巴山的一块小盆地,地狭人少,物资匮乏,不知如何养精蓄锐,再与项羽争夺天下,因此整日心情郁闷,茶饭不思。大臣萧何见刘邦郁郁寡欢,怕影响身体,劝刘邦:"大丈夫能屈能伸,为王者不在一时之失,只要抢得天机,保得龙体,何愁天下归心。"

刘邦觉得谋士萧何说得在理,愁云暂失,于是爱好打猎之趣性起,带了随从骑马往南午子山打猎去了。

几十里路程,刘邦一行快马奔驰,很快到了午子山下。

刘邦抬头近望,但见午子山奇峰怪石处处见,流云飞瀑湿衣衫,古松翠柏蔽日月,桃红柳绿花烂漫,林中鸟鸣蝶飞舞,草上野花迎君还。

刘邦一时高兴,将心中的烦恼抛到了九霄云外,执弓牵马向林中走去。

在护卫的陪伴下,刘邦一边与随从闲谈,一边往林中深处探视。林中曲径通幽,林疏处绿草茂盛,不时有小鸟从草丛中飞出。刘邦一行人转悠了好久,仍不见猎物出现。一位护卫忽然低声说:"百步之外,大松树下,似有一头麋鹿。"刘邦定睛远望,果然是一头肥大麋鹿在松树下津津有味地吃草。他举弓搭箭,拉得弓如满月,正要放箭之时,麋鹿瞬间抬头,见有人欲杀自己,灵机一动,飞快逃入林间。刘邦和随从牵马一阵急追,麋鹿见有人穷追不舍,四蹄腾空,尘土飞扬,像一支离弦的箭向前奔跑。刘邦在后紧紧追赶,待出了树林,跨马疾驰相追,不觉一路追下,已有百余里,将众护卫抛在身后很远。就要追到箭射范围内时,麋鹿忽然拐过前面一道山弯,从刘邦眼前消失。

眼见到手的猎物霎时不见,刘邦一阵沮丧,骑马转过山弯,抬头见是一个小山村。柳暗花明处,散落着几户人家。一条小溪从山脚下流过,溪水清澈见底,小鱼悠闲地游来游去。溪水旁丛丛翠竹,粗壮挺拔,一阵山风吹来,竹叶飒飒作响。人住处,几树桃花如火燃烧,树下雄鸡一声高唱,惊醒了正在痴迷景色的刘邦。

刘邦又逆溪水而上,见溪旁一棵松树粗壮高大,冠如巨伞,树冠中鹤鸣起舞。树下有一小潭,一位披着乌黑长发,上穿红衣、下着绿裙的女子正背着刘邦,面向潭水洗衣,搅得潭水泛起涟漪,水中倒影闪动,别是一番景象。

刘邦自被封为汉王以来,久居汉中汉宫,整日思考兴汉大计,未曾离开汉宫。其妻因他伐秦未能跟在身边,刘邦将其与自己的父亲安置在与他一同在沛县起义的爱将王陵处。王陵据守南阳,故刘邦的妻子和父亲也在南阳居住。项羽听从谋士建议,欲将刘邦父亲及妻子吕雉捉拿,以此要挟刘邦。但王陵坚守南阳,项羽计谋难以得逞,致使吕雉久与刘邦不遇。刘邦只身住在汉中汉宫,未有美人相陪。

今日,刘邦追赶麋鹿到了仙境一般世界,又见一女子在潭边洗衣,背后见女子身材匀称,尤其洗衣时露出如莲藕般的丰臂,勾动起他的情思。刘邦将马拴在一棵树上,大步走到洗衣女旁,轻声问道:"请问此地何名?"洗衣女听见有人问话,回过头来,见是一位官宦模样中年男子问话,羞答答地柔声说:"此地名叫洋川。"刘邦细瞧洗衣女,黑油油的长发披在肩上,眉似弯月,眼似潭水,口如樱桃,脸像桃花盛开一样灿烂。刘邦呆呆地望着从未见过的美女。女子见刘邦两眼死死地盯着自己,急忙拿起还未洗净的衣服,对着刘邦莞尔一笑,扭动腰肢,像一朵出水芙蓉,消失在松竹相映的农舍。

刘邦见美女离去,一人站在水潭边想着她的模样,待护卫们赶到时,他仍沉思不语,护卫见刘邦呆若木鸡地站在潭边,不知何故。

刘邦让一位护卫沿着美女去的方向前去打探。不大一会儿,随从护卫告诉刘邦:"那洗衣女子姓戚,闺中未嫁。"

这时,日已偏西,刘邦一行向汉中方向骑马而去。紧随的护卫都因未打到猎物而郁郁寡欢,唯独在前边的刘邦异常兴奋。想着美女的娇容,一挥长鞭,坐骑飞奔,又将护卫丢在身后。

萧何见刘邦未打到猎物,但人却笑容满面,精神倍增,好奇地问刘邦:"大王今日未获一物,却怎么兴奋异常?"

刘邦告诉了萧何失麋鹿遇美女的奇遇。

于是萧何托人说媒,戚氏见刘邦仪表堂堂,又是汉王,心满意足。两人情深意笃,戚氏陪刘邦度过了在汉中寂寞的日子,成为刘邦的宠妃。

不久,戚氏生下一子,取名如意,长得和刘邦非常相似,直乐得刘邦抱子夸赞:"如意如吾! 如意如吾! "

戚妃为祈求儿子如意平安,常常到午子山朝拜神灵,许愿祈福。一日被午子山老道遇见,他将采的仙药、炼的龙鳞粉赠送戚妃。

刘邦为感谢上天赐予的美妻,在午子山为戚妃修了一座梳妆台,专供戚氏进香时使用。一日,戚氏在梳妆台前用老道送的龙鳞粉抹脸时,由于未关闭窗扇,一股山风吹来,把未盖的粉盒里的龙鳞白粉吹得干干净净。说也奇怪，粉不往屋内洒，却被一阵旋风吹出窗外，洒得漫山遍野，全沾在青松树干上。这龙鳞粉本非俗物，沾在木上，随木而化，使得午子山上的棵棵青松变成了白皮松。

如今，在午子山游览区，戚妃的梳妆台和戚妃母子的坟墓仍在，白皮松依偎在母子墓旁，守护着戚妃母子。

灞源镇龙头松

蓝田县最古老的白皮松树，要算灞源镇青坪村西半坡上的"龙头松"了。

"龙头松"主干胸围 3 米，高 9.1 米，树冠高约 10 米。主干上又分杈生成两枝粗壮扭曲的横枝，横枝的旁枝犹如"龙角""龙须""龙牙""龙爪"。"龙头"高高挺起，"龙尾"朝南逶迤下拽，活生生的一条昂首摆尾、腾云奋飞的蟠龙。树冠的小枝粗细长短不一，颜色深浅各异，又如条条小龙聚在巨龙之上，故当地人称"龙头松"，其上有 72 个小龙头。这棵 2200 余年的古松历经人间风霜，吸日月精华，聚晨珠甘露，在分杈的"龙腰"处形成一潭甘霖，取少匙慢饮，甘甜透心，人顿觉神清气爽，人称饮"龙涎"神水。这潭"龙涎"，虽历经漫长历史变迁，却从未干涸，满而不溢，大风吹过竟滴水不出。

传说公元六年，西汉平帝死后，其子年幼登基，史称孺子婴。太后为保子婴权势，任用子婴的舅舅王莽摄政。王莽重用宦官，排除异己，趁皇帝年幼篡权。汉室江山落于外戚之手。汉皇族刘秀痛恨王莽夺去汉室江山，有反抗之心。王莽知刘秀有治国之才，想杀掉刘秀，以绝后患。刘秀知王莽有杀己之心，逃出京城长安，就有了"王莽追刘秀"的故事。

刘秀东出长安，只身逃到了焦岱镇"贵人岔"，此时正是夏末秋初之时，烈日炎炎，大地如烤，累得刘秀气喘吁吁，汗如雨下。又逢饥肠辘辘，他脚步沉重如铁，实在跑不动了。恰在这时，殷梨花到地里给父亲送玉米麦仁粥，见刘秀一表人才，疲惫不堪，随即让刘秀喝麦仁粥。刘秀吃了从未吃过的玉米麦仁粥，饥饿立失，精神焕发，向殷梨花一揖谢道："感谢姑娘盛情款待，日后我若当了皇帝，一定封你为皇后。"殷梨花莞尔一笑，说："公子像有急事，起路要紧，救人一命，胜造七级浮屠。"心想，原来是个说大话的不实青年。

刘秀走鹿原，过灞水，进东山，到了一个叫作灞源的地方，听得耳后追兵马蹄声响，正好到了一个山村口，村口立有"龙头村"石碑，进村准备躲避，迎面见是一棵如龙青松。他急中生智，爬到松树上躲避，见树杈处有一小潭清水，喝了几口。几口潭水下肚，却昏沉沉地倒在树上酣然大睡。王莽追刘秀的人马由树旁经过，竟毫不知晓。原来刘秀是东汉王朝的第一个皇帝，真龙天子，睡梦中化为龙形，与"龙头松"合二为一，岂是肉眼凡胎之人能见？

刘秀后来出潼关，费尽千辛万苦，终于到达南阳，收编了绿林军和赤眉军，带领这支新编队伍，一路所向披靡，直捣长安，夺回被王莽篡夺的西汉皇权。之后迁都洛阳，史称东汉。

刘秀当皇帝后，因念殷梨花救助之恩，娶殷梨花为妻，封为皇后，又念龙头松保护自己逃过一劫，便下圣旨，封蓝田灞源古老白皮松为"龙头松"。

温国寺白皮松

西安温国寺白皮松，距今已有约 1300 年的历史。温国寺是唐朝人为纪念唐初名臣温大雅所建。温国寺原址即现在的西安市长安区黄良街道办事处的湖村小学。学校内的这棵白皮松，高达 26.5 米，胸径 1.06

第四章 名地情影

温国寺白皮松

米,冠幅 16 米。树干虽斑驳老鳞,但枝冠仍苍翠茂密。相传此树是唐朝名僧鉴真和尚在此研学佛教戒律时亲手栽植。这棵古白皮松见证了唐代佛教盛行的辉煌,记载了名僧鉴真创建佛教律宗,六次东渡日本宣扬佛教的壮举。

鉴真(公元 688 年—763 年),唐朝僧人,俗姓淳于,广陵江阳(今江苏扬州)人。律宗南山宗传人,也是日本佛教南山律宗的开山祖师,著名医学家,曾担任扬州天明寺住持,应日本留学僧请求,先后六次东渡日本,弘扬佛法,促进文化传播与交流。

唐时,长安共有名刹 42 座,是佛教法相宗、净土宗、华严宗的发祥地。鉴真几乎游遍长安名刹,学习各宗要义。他是律宗南山宗传人,见温国寺风景秀丽,清净庄严,居住在温国寺彻夜钻研佛法戒律,彻悟戒律真谛,提出了佛教律宗佛法,创建了长安律宗佛教,使长安亦成为继法相、净土、华严之后律宗的发祥地。

应日本留学僧请求,鉴真决心东渡日本宣扬佛教律宗佛法。为纪念此行,他亲手在温国寺栽了一棵白皮松。

鉴真东渡日本后,在招提寺讲法,听众每次多达数千人,直围得法坛前水泄不通,影响深远,成为日本佛教南山律宗的开山祖师,76 岁时在日本圆寂。高僧驾鹤千余载,温国寺内树仍在。白皮松下悼南宗,中日文化继开来。

蓝田古老白皮松

在历代蓝田人的护佑下,蓝田古老白皮松目前被发现的棵数在全国尚属最多,共有八棵,人们称这八棵白皮松为"松中八仙"。

蓝田县存活的最古老的一棵白皮松,生长在白皮松的原生地辋川镇

游风岭白皮松

安家山游风岭的白皮松林中，人称"松王"。

游风岭，也称游凤岭，是安家山村属的一个自然村。该地仅有七八户人家，住在茂密的白皮松林中。寻找游风岭的人们往往会迷路，只有看到一处山顶上炊烟随风游荡飘散开时，才能找到游风岭。

在游风岭发现了白皮松"松王"后，这个无人知晓的地方，开始名噪蓝田。

游风岭"松王"身高 18 米，胸围直径 2.2 米，树冠幅 8 米，是蓝田现存的最古老的白皮松。在"松王"带领下的大片白皮松林组成了天然屏障，是游风岭形成的原因。当地流传的民谣说明了这一点：

游风岭上白皮松，
身高根深绿长城。
烟雾飘来打转转，
风婆气得转圈圈。

游风岭古白皮松，生长于南宋理宗宝庆至绍定年间，至今已有 700 余年的历史。2012 年全省古树木调查登记时被发现，被陕西省政府列为"古树名木"挂牌保护。

相传大约三四百年前，游风岭下住着一户李姓村民，其住房年久失修，准备重新修盖房屋。他带着利斧，欲砍下悬崖上的白皮松，作为支撑屋顶的大担子。利斧砍白皮松，犹如切豆腐一般。不大工夫，李姓村民就将白皮松根部砍去了一个大豁口。

正在此时，住在离白皮松树二里外的辋川河口王家老头，用祖传铜脸盆准备洗脸，刚将半盆清水放在院内，忽见脸盆内清水中倒映出一棵白皮松，树下一男子拿着一把利斧坐在白皮松下的石头上休息。

王老汉经常去游风岭砍柴，细看铜盆内水中树影，发现那正是白皮松王。立时感到痛惜，心如针扎。他疾步走出院门，顺路叫了几位相好的伙计，一同爬上游风岭，见白皮松王被李家男子砍去少半边，气喘吁吁地问："你砍这棵白皮松王想做啥用？"李家主人满不在乎地说："砍这树想盖房作担子用，我穷得买不起木料，官家的树木没人管，你少管闲事。"王老汉说："你偷砍官家树，我洗脸时在铜盆水中望见，相隔这么远，松王神灵告知我它遇难，我带乡亲来阻拦。"李家男主人听王老汉说得离奇，心虚了，不再言语。其他几位同来的人也异口同声说："这是游风岭神树，砍了要遇难的。"李家男主人说："房子烂了实在没钱盖，才瞅上了这棵白皮松王。"

王老头听砍树的李姓男子说因家贫盖不起房子，语重心长地说："再穷也不能做缺德的事，盖房子包在我身上，我动员大家给你捐木料，解决你的难题。"李家男子听王老头一说，感动地流出了热泪，泪水一滴一滴地洒在被砍松王的根部伤口上，他拾起几块较大的从树根处砍下的木屑，紧贴在松王被砍伤处。说也奇怪，李家男子掉在松王根伤处的泪水将砍下的木屑粘得紧紧的，如长在一起一般。王家老头和几位同来的人挖了些沙泥糊在松王根部伤口处，并用葛条缠了几圈，才和李家男子一同下山。

王老头回家后，将此事告知了乡邻，大家纷纷援手，你家一条木檩，我家一根椽，帮李家盖起了新房。

李家男子十分感激大家的义举，并向支援自己盖房的村民上门致谢，大家只说一句话："你把咱游风岭的白皮松王看好，不要再被人伤害。"

李家男子心感内疚，到白皮松王树下准备给松王烧香赎罪，到白皮松王前仔细一瞧，原来砍去的树根伤处竟然完好如初。他站在白皮松王下愕然片刻，向松王鞠了三个躬，蹲下身用手摸了摸树根伤处，长得和未砍前一模一样。看到树根处地上只有一堆泥沙和断落的几根葛条，他连呼："松王是神！松王是神！"

此后，王家铜盆救松王的故事便流传开来，成了辋川村家喻户晓的美谈。

蓝田古树白皮松按松龄排序第二的是生长在原玉川乡现辋川镇褚家河村的白皮松。

据 1992 年 10 月出版的《蓝田县志》第四节"珍稀树种古树一览表"记载：玉川乡褚家河村有一棵白皮松古树，高 19 米，胸围 3.1 米，冠幅 12 米。生长于公元 1592 年左右，约在明朝万历至神宗年间，树龄距今已 500 年左右。

古老苗壮的褚家河白皮松，早年静静地长在褚家河沟内。那时这里还不叫褚家河村，只是个无名小沟。明末清初，农民起义接连爆发，后来被清军一次次镇压下去。为了逃命，起义农民携家带口躲在南山一带。一户姓楚的农民和妻子来到沟口，见沟内小溪潺潺，树木遮天，又有小块荒芜之地，他决定和全家人住在此地度日。

这位姓楚的人名叫楚留乡。他第一天来时发现荒沟里无处安身，便和家人草草搭了个树枝庵子住下。劳累了一天的家人半夜睡得正香，却被一阵"哼哧！哼哧！"的声音惊醒。楚留乡赶忙点燃松明子，仔细一瞧，原来是一头肥大的野猪正在吃他带来的干粮。没有干粮如何开荒种地，楚留乡顺手拾起搭庵子剩下的木杠，向野猪砸去。

野猪身上猛然间挨了一闷杠，直痛得"嗷嗷"叫了起来。它不但不逃跑，反而向楚留乡冲了过来，吓得楚留乡的妻子和孩子直哭。

楚留乡虽是打过仗的人，见过比这还凶险的阵仗，但面对此场景心里还是有些发怵。见家人十分惧怕，他胆子反而大了起来，挥动木杠，用尽平生之力，向野猪的头部又是狠命一击。木杠正好打在野猪的长嘴上，直痛得大野猪"吱"一声高叫，冲出庵棚。

全家人挤在一起度过了一夜，天明后，开始重新支床。带来的干粮被野猪吃得洒了满地，当天吃饭成了问题。于是他到沟口一户人家处借了半袋洋芋用来度日。沟口那家男主人告诉他，这个荒沟虽好，但沟里有头大野猪，凶猛异常，毁坏庄稼，又连续咬死了几个打猎的青壮男子，你干脆搬到沟口居住，以免大野猪伤了家人。

楚留乡回家路上边走边想，逃难之人难免遇到凶险，只要除掉这头野猪，这个沟里就是好地方。他的老家在湖北西部山区，那里也常有野猪危害当地人的生命财产的事情发生，于是他跟家乡人学会了做套子捕野猪的办法，不妨在这沟里一试，看能不能逮住这头大野猪。

回到庵棚里，他用砍来的青葛藤编了3个像大口袋的网袋，可通过拉绳将网袋口封死。他和儿子抬着网袋，里边放了几块被野猪糟蹋过的干粮块，往沟里走去。到了沟里，一棵硕大的白皮松直挺挺地长在山脚下，周围像是被野猪来回踩踏的野草倒在一边。他和儿子撑开网袋口，将上边用杂草盖严，用一根粗壮的葛藤系拉起网盖，将一头搭在白皮松树杈上，在近处的一棵碗口粗的树根处拴牢藤条的另一头。仔细检查了一下网袋，确定没有漏洞，才和儿子一同回庵子去了。

第二天一大早，楚留乡和儿子带了砍刀和匕首去看捕野猪的网袋。两人还未走到大白皮松树跟前，就听野猪叫声传来。二人一阵小跑，到了白皮松树下，看到被装在网袋里的一头大野猪正在嚎叫，网袋已被野猪咬了几个窟窿，所幸野猪体形庞大，难以逃脱，吊在离地不足三尺高的网袋里。楚留乡拿起砍刀向已经露出的野猪脖子砍去，连砍数刀并未将野猪砍伤。原来野猪皮厚如盔甲，又有松油粘身，不但被砍不伤，反而蹦跳得更加厉害。网袋破口也在不断扯大，情急中儿子从腰带下抽出匕首，向野猪脖子呼吸肉动处戳去，还未等拔出匕首，野猪鲜血已经喷出，楚留乡儿子被溅得满脸鲜血。不一会儿，野猪慢慢地在挣扎中死去。楚留乡父子二人才发现是头足有300多斤重的公野猪。父子二人放下网袋，跌跌撞撞地将野猪抬回家。

楚留乡将野猪肉留下一半用盐腌制,挂在庵内,一半和洋芋熬在一起用来度日,直到他开垦的荒地里长出了新洋芋,一家人还没吃完野猪肉。

沟里没有了野猪,成了楚留乡一家的乐园。南方人讲究风水,他认为沟内的大白皮松是护佑这条沟的神灵,每逢过年过节,都要和儿子像敬祖先一样,祭拜大白皮松。

一日,一位会算卦的游医走到楚留乡初盖的草房前。楚留乡正好在房前场地上用连枷打荞麦,还没等楚留乡招呼来人,那人却讷讷自语:"白皮松下种荞麦,楚氏故地在湖北。吾有终生避难法,此后不再前事累。"那先生模样的人语声虽不高,但楚留乡听得真真切切。

楚留乡停了连枷,走到来人跟前,连忙打招呼:"请先生到草堂喝茶。"

游医随楚留乡进屋,在草堂屋椅子上坐下。

楚留乡将自己参加农民起义,流落到此的经历说了一遍。那先生听后说:"楚与褚同音而不同字,你干脆改楚姓为褚姓。褚者,口袋也。你用网袋捕杀野猪,为民除害,也算善举。这里有小河流水,此地就叫褚家河吧。"

楚留乡为了不被官家查出他造反的事情,于是改姓楚为褚,把他家住的沟叫褚家河,沟内的大白皮松也随之叫作褚家河大白皮松了。

蓝田古树白皮松,按松龄排序第三的是辋川镇六郎关村二组的白皮松。当地人因其生长在六郎关(六郎,杨门名将杨六郎杨延昭是也),故称其为"白袍将军松"。"白袍将军松"笔挺矮壮,树冠巨大如伞,在蓝关古道旁的六郎关迎风傲霜,在春夏秋冬四季的日夜更迭中,守护着秦岭。它身高13米,胸围3.1米,冠幅8米,是目前高山上抗风抗寒的"英雄老将"。

六郎关在蓝关古道峣山之南,曾是秦汉与楚交战争夺的重要关隘。北宋时期,杨六郎派兵在此把守,将此地作为抗辽的第二道防线,守在这里的兵将纪律严明,与当地老百姓和谐相处。一位老兵在放马时,马缰脱手,马跑到一户村民院落吃了这家村民准备过冬的食物——萝卜干。主人找到驻守将军,状告跑马,将军一声令下,斩了这匹马,又罚放马老兵一月俸禄。村民深受感动,在村中修了杨六郎庙作为纪念,并在庙门前栽了两棵白皮松,改村名叫六郎关。六郎关曾发生过一次山体滑坡,庙门前两棵千年以上的白皮松被毁。当地人为了纪念此次事件,又在原庙处栽了一棵白皮松,从明末算起,距今已有 260 年以上的历史。

《西安市古树精粹》里也有一篇关于这棵白皮松的记载:"蓝田县蓝关古道边山坡上,有一棵白皮松,高 13 米,胸围 3.1 米,树冠如盖,树皮成片剥落,远看像绿色的蒙古包。传说清朝的一个将军逃难,来到此地。忽然乌云蔽日,狂风大作,一群牛头怪兽来袭,将军匆忙中攀上这棵树。树下怪兽嗷嗷乱叫,发疯似的用牛角乱撞树身,终是无可奈何。将军虽躲过一劫,但树皮被牛头怪兽撞得伤痕累累,以致树皮至今都是绿一块白一块。"

北京五棵松

北京五棵松所在地位于北京西郊四环以西,属北京海淀区,原为清提督绍英之墓。墓园内有五棵古松树,由于周边荒凉,当地人就以五棵松为地标,称此处为"五棵松"。1966 年修建北京地铁一号线时,原松树三棵死掉,只剩下两棵白皮松,银白色树干挺起高高在上的稀疏的树冠,向过往的人们诉说着沧海桑田的变化。

五棵松所在地，虽没了松树，但地名仍在。为了弥补人们的遗憾，北京市园林局在五棵松地铁站西北出口处，又栽种了五棵松树。

五棵松的历史，要追溯到清朝年间。五棵松所在地原是一个阁老坟，埋葬着某姓五兄弟，家属为了使死者的亡灵得到安慰，在每个坟前栽上了一棵松树。时光荏苒，北京城故宫上的琉璃瓦都渐失光彩，惟这苍劲之松仍挺拔苍翠。那时，荒僻之地的北京西郊常有土匪出没，行人不敢单独过往。于是大家成群结队，凭着人多势众安全进城。当时，人们汇合的地点就在"五棵松"。久而久之，"五棵松"就成了地名。

万春松园中的白皮松

北京著名的皇家园林圆明园中的万春松园是清朝前期几位皇帝经常光顾的地方。万春松园中有数棵元朝时栽的古白皮松。到了清朝年间，白皮松有的长得粗壮高挺，枝繁叶茂；有的长得树身如巨龙飞腾，弯曲扭转，树冠如巨球在空中随风摇荡。白皮松下是雕刻精细的石桌石凳。乾隆皇帝经常同大臣到圆明园中的松园消闲。随身陪同的大臣和珅，为迎合乾隆皇帝嗜好，说些名人字画、文章好诗。一日，大学士纪昀也陪同在场，和珅为使纪昀出丑，突然指着白皮松问纪昀："园中松树为什么有的树干是白色，有的树干是深灰色？"纪昀知和珅是位大贪官，到处结党营私，只是拍皇帝马屁拍得好，深受皇帝宠爱。这大奸贼靠着皇帝撑腰，为所欲为。纪昀就借题发挥答和珅："白皮松干呈白色，树质白色，其表里如一，是位忠臣。不像有些人，整天谋财害命，残害忠良，排除异己，在人面前人模人样，背后却是肮脏得很，就是那种表里不一的青松。"和珅听纪昀一阵数落，无奈在皇帝面前不敢造次，只能狠狠地瞪了纪昀一眼。

乾隆皇帝对和珅、纪昀采取平衡策略，对他俩的争吵不偏不倚，只谈自己的看法。乾隆皇帝对着松园中的几棵老白皮松树端详了好大一会儿，背着手在白皮松树下踱起龙步，沉思片刻说："这几棵白皮松，身上色白如绸，像穿了白袍一样，站在这里守护着君臣，是位忠诚可靠的护驾将军，朕今天封白皮松为'白袍将军'，并享有皇家俸禄。"和珅拍着双手迎合乾隆皇帝："妙！妙！妙！"后来，圆明园的白皮松被人们称为"白袍将军"。因为乾隆御封，大臣们将白皮松也叫作"银龙""白龙"，以赞美白皮松。

蓝田县委院内的白皮松

要真正领略白皮松树的秀美，还必须要走进中共蓝田县委院内。蓝田县委院内的白皮松虽没有那些树龄在百年以上古白皮松的生动故事，但树龄也都在四五十年以上。蓝田县委大院在陕西省内是首屈一指的园林式县委大院。蓝田县人称蓝田县委大院是"松园"。

松园的建设要从时任县委书记的陈书记说起。当时他在山区检查工作，见一处滑坡地上倒了一棵只有半人高的白皮松苗，便顺手捡起将其栽在县委大院内。他栽了白皮松树后，叮咛办公室年轻干部管好这棵松苗。在陈书记影响下，蓝田县委干部开始重视院内的绿化工作。20世纪60年代，县委办公室在县委大门外的东西两旁栽了七棵雪松，在县委办公室门口栽了四棵雪松，如今这些雪松成了"蓝田雪松王"，特别是县委办公室门口的其中两棵雪松已有一搂粗，树冠大得遮去了半边天。

蓝田县委院内的大白皮松

蓝田县委综合楼前的白皮松

　　蓝田县委办公室干部在县委院内栽的三十棵白皮松，目前也算蓝田县自 1949 年以来栽植的树龄在五十年以上的白皮松。三十棵高大如伞，满树身白粉色的白皮松，与雪松、华山松相媲美，蔚为壮观。

　　改革开放以来，县委大院拆去陈旧土木结构平房，盖了县委综合办公大楼，又植了大苗白皮松，树龄已在

蓝田县政协前的白皮松

蓝田县人大院内的白皮松

二十年以上，还栽植了
玉兰、银杏、青竹、翠柏
等名贵花木，更是添锦增秀。

县委办公大楼和县委办公室之间的空地院子里是白皮松、华山松、雪松、国槐、樱花、紫藤、青竹和翠柏的世界。县委办公室门前西侧的白皮松，历经半个世纪的风雨，依旧生机勃勃，树冠伸展开来形成了绿色屏

蓝田县政府院内的白皮松

障,在竹与花草的摇曳中奏唱着松园的妙曲。

　　蓝田县委大院内绿树繁茂,鸟儿在松间鸣叫。如果没有出入汽车的笛鸣,人们怎能联想到这里竟是地方党委的中心。

　　历届蓝田县委紧抓白皮松产业发展,目前已经得到了大自然的回报。在陕西省委、陕西省人民政府、西安市委、西安市人民政府等机关文明建设评比中,蓝田县委已是省市连续多年的"文明机关"奖牌获得者。

　　在蓝田县城的迎宾大道两旁、各旅游点、环山公路旁,在沿秦岭北麓正在建设的各镇及汤峪、焦岱、玉山街道入口处,白皮松如披绿穿白的礼仪小姐,毕恭毕敬地欢迎宾朋的光临。

蓝田县纪委门前的白皮松

蓝田县委办公室门前的白皮松

迎宾路上的白皮松

灞滨公园的白皮松

环山路的白皮松

灞水沿岸的白皮松基地

万荣县白皮松

在国内，白皮松已作为绿化新宠得到人们的追捧。有关人士便到白皮松故乡蓝田引种难得的秀美松树。

原蓝田县委办公室主任李清选是山西万荣县人。2012年春，山西省万荣县后土寺博物馆馆长、飞云楼博物馆馆长等一行数人，到蓝田找老同学李清选为博物馆选购近三十棵白皮松，要求树的高度全在3.5米。

万荣县后土寺博物馆地处黄河岸边，那里原有后土庙。古时人们信奉"皇天后土"之说，皇天是指统领上界神仙的玉皇大帝，而后土则是统

万荣县博物馆内的白皮松

治地上万物的后土娘娘。后土庙立在黄河岸边，为的是古时人们祈愿后土娘娘保护地上生灵，不让黄河泛滥成灾危害人间。汉武帝为了使国土不断扩大，江山稳固，曾六次带文武大臣到后土庙祭祀后土娘娘。除后土庙外，万荣县还有飞云楼博物馆。飞云楼相传始建于唐，现存建筑建于明正德年间，是1951年国务院公布的重点文物保护单位。

李清选热情接待了来蓝田选购白皮松的万荣县博物馆一行人，并将此事汇报给县委、县政府相关领导。县委、县政府领导热情地接待了山西客人，并指示县

万荣县后土寺内的白皮松

林业局一定要满足对方的要求。在林业局主管领导和李主任的陪同下，山西客人在辋川白皮松大苗圃基地，精心挑选了28棵高达3.5米的白皮松。按当时的价格计算，28棵白皮松价格共4.5万元。李主任慷慨解囊，用自己的钱买了这些树。山西客人一再掏钱交给李主任，但他说："山西是我的故乡，是生我养我的地方，能为家乡出一份力，是我一生的夙愿。"山西客人见李主任一片诚心，也只得作罢。28棵白皮松被运到山西万荣县后，在后土博物馆大门迎宾路两旁栽了20棵，在飞云楼博物馆院内栽了8棵。如今，到后土博物馆和飞云楼博物馆旅游参观的人，

见到已长成碗口粗的白皮松,总要用手轻轻触摸,然后拍照留念。

李清选主任此后也曾两次购买蓝田白皮松作为损赠,为家乡发展做出了无私的贡献! 同时也为蓝田白皮松的宣传,尽到了一个共产党员的责任!

对李主任为家乡著名景点义捐白皮松的善举,《万荣人报》《运城日报》《西安政协》专刊和侯马市电视台都做了相关报道。一时间,李主任成了当地名人。他在蓝田工作 30 余年, 仍未改地道的山西话。家乡人见了李主任笑着说:"乡音未改鬓毛衰,笑迎客从蓝田来。白皮松树传真情,秦晋美话世代传。"

国际名城白皮松

在气候比较寒冷的英国首都伦敦也栽有白皮松,它们仍同在中国原产地一样生长得高大粗壮,枝繁叶茂。洁白的树身,常绿的针叶,英国人称其为"圣树"。另外,在日本奈良市的公园里,也栽有中国白皮松,树身仍保持原有的塔状形未变,引人喜爱。

第五章

科学繁育

育　苗

　　白皮松育苗前,先要对种子进行挑选。近几年来,白皮松育苗迅速发展,经济效益不断提高,一些重利轻种子质量的问题时有发生,影响了白皮松幼苗的发芽率。白皮松种子成熟时为淡黄褐色,成熟种子采集时间为次年的9—11月。农历八月十五日后,即中秋节以后方可采集。一些林农为了采集更多的白皮松种子,提前开始采集,但此时种子未到成熟期,采回的松塔经日晒后脱落的种子呈淡黄色、浅白色,看似籽粒饱满,然而剥开后种子软嫩。如果用这些种子育苗,出芽率绝对不高,即使出芽率符合标准,也会出现芽苗瘦弱,生长慢,甚至出苗后不久又死去的现象。因此育苗前,必须对收集到的白皮松种子严把质量关。一是看色泽是否是黄褐色,二是看种子内仁是否饱满。松果收取种子比重是50

神奇
白皮松
SHENQI
BAIPISONG

—80 克/千克；1 千克种子的粒数是 7000 粒，即 7000 粒/千克。只要收集到的松果或种子符合千粒重的标准，就可作为育苗种子。对一些保存期在 1 年以上的种子，一定要对其进行活力测定，失去生长活力的种子不能作为育苗的种子。还可以通过水洗法来精选种子，在水面漂浮的种子要捞出丢弃，只用沉在水下的种子育苗。

为保障出苗的健康，播种前要对种子进行消毒处理。常见办法是用 0.5%的高锰酸钾溶液浸泡种子 2 小时，或用 40%福尔马林加水 300 倍喷洒种子，并用塑料薄膜或稻草覆盖 2 小时。浸泡或喷洒后的种子经消毒后，再用清水冲洗，以免种子被药液伤害。

白皮松自然发芽率低。为提高白皮松种子的发芽率，播种前需进行催芽。催芽一般在播种前的 10 至 15 天进行。具体办法是：将作为育苗的种子放在容器或瓦盆里，用 30℃左右的温水浸泡。水量要刚好浸泡住种子，不能超出种子浮面。上面用湿草覆盖，每天换温水一次。待种子已经达到 1/3 以上裂嘴露白即可播种。

播种在春季土壤解冻后施行，地表温度必须达到 10℃。

白皮松育苗方法一般分为四种，即地床法、容器法、嫁接法、直接飞播法。

地床法。苗圃地要选择排水良好、地势平坦和灌溉条件好的地方。土壤的酸碱度（PH 值）在 5—7 之间。选择苗圃地时，要检查土中是否有病虫害，并检查周围有无对种子危害的鸟兽等，还要对苗圃地原栽植的植物进行调查，如果苗圃地原来常年种马铃薯等茄科植物或十字花科蔬菜，则必须重新调整苗圃地。

要对苗圃地进行深耕和整理。深耕要在秋季尽早进行，将杂草深埋地下,使杂草变为腐殖质,土壤会变得更加肥沃。同时,深耕还可减少土壤养分的浪费,减少病虫害,使土壤熟化,保持水分,提高地温。春季土壤解冻后,要对苗圃地进行耙地,耙地时要耙透,将土块打碎、耙细、耙平。如果条件允许,苗圃的基质要采用过筛的森林土壤,因为白皮松根系具有菌根菌共生的特性。菌根菌对促进苗木生长具有良好的作用,可促进苗木根部多吸收土壤中的水分和养分,提高苗木的抗旱和抗病能力。

作床。苗床有高床、平床、低床三种。具体情况要根据当地的气候条件、育苗地的水利条件及地形等环境来决定。易涝或地下水较浅的地要用高床,平原地用平床,干旱少雨、灌溉条件差或气温较低的地区用低床。地床的方向以南北走向为宜。平床宽 1—1.2 米,长度应在利于管理的尺度内,一般在 20 米左右,步行道为 40 厘米左右。床边用砖块合围,高度为 12 厘米,砖外用土壅实,将床面整平并拍实床面。

白皮松在苗床地播种。播种前如果苗床土壤干燥,需浇足底水。每10 平方米用 1 千克种子,可产苗 1000—2000 棵。种子撒播后覆土 1—1.5 厘米,罩上塑料薄膜,既保温又可提高发芽率。待幼苗出齐后,逐渐加大通风面积,直至全部去掉薄膜。播种后的幼苗带壳出土地,壳在 20 天左右自行脱落,这段时间是防止鸟害的关键时期。此外,幼苗期要搭棚对幼苗进行遮阳,防止日光暴晒。

久旱不雨的夏季温度较高时, 要及时给幼苗浇水。除草要遵循除早、除小、除净的原则。棵间除草用手拔,以防伤害幼苗。撒播苗拔草后要适当覆土,以防裂缝失水。播苗除草和松土结合进行,间苗、补苗并举,并注意及时浇水。

给白皮松幼苗施肥应以基肥为主,追肥为辅。从 5 月中旬到 7 月底

幼苗基地

的生长旺期进行 2—3 次追肥，以氮肥为主，追施腐熟的人粪尿或猪粪尿，每亩 3 担，加水 20 担左右；也可施腐熟饼肥，每亩 5—15 千克，兑成饼肥水 15 担左右。生长后期停施氮肥，增施磷、钾肥，以促进苗木的木质化。还可用 0.3%—0.5%磷酸二氢钾溶液喷洒叶面。

　　当年的白皮松幼苗，入冬前要用土掩埋，以防寒。通常，一至两年的幼苗可以开始进行第一次移植。

　　容器法。白皮松容器育苗，就是用玻璃、陶瓷器皿或蜂窝状连体无底塑料容器育苗。目前流行的是用蜂窝状连体无底塑料容器育苗。容器育苗具有节约种子、管理方便、苗木活力强等优点，但有出苗易、成苗难的缺点。为了提高幼苗成活率和保存率,要从容器内苗床土壤上做准备,在种子处理、播种、苗期管理、出圃等环节把好技术关。

容器苗床的土壤准备与直接在地上作大床的土壤准备相同。在地上作大床的育苗土壤,是对整体进行加工处理,而容器内的苗床土壤,只是将与大床相同的土壤分装在单个的容器之中即可。

蜂窝状连体无底塑料容器的直径为4—5厘米,高12厘米。在容器内装基土前,先将容器张开铺于提前做好的苗床上,在四个角及四条边的中心各插入一根0.3厘米粗且表面光滑的细竹棍,将其固定,然后装满提前备好的苗床土。装入苗床土的容器要与营养袋紧密排列,和四周围堵的保护砖面紧贴,用3%的硫酸亚铁溶液消毒,使用量为每平方米1.8升。选种和对种子的消毒处理,与大床育苗的种子处理方法相同。

容器内播种的时间与大床育苗一样,也是春季土壤解冻后地表温度达到10℃即可。播种量为每个容器3—4粒,覆土1厘米,下种后要立即浇水。

容器育苗期间的管理基本有七个方面。

一是水分管理。出苗期保持床面湿润,夏季进行少量多次喷水。8月后停止浇水,以利于苗木的木质化。

二是间苗。间苗不宜过早,以5月下旬至6月上旬为宜,每个容器内留苗1—3株。间去有病害、发育不良、弱小的劣质苗,如果秧苗过于密集,即使旺盛也只能留下更健壮的1—3株,其余全部除去。

三是除草。每5—10天除草一次。对茎叶粗大的杂草,用剪刀紧贴容器表面剪除,以免拔杂草时松动苗根或者带出幼苗。

四是追肥。幼苗出现初生叶时,开始追肥。为控制施肥浓度,提高

神奇
白皮松
SHENQI
BAIPISONG

幼苗培训基地

肥料利用率,宜采用液肥喷雾法。每15天喷洒一次,最好在傍晚时进行。前期采用0.2%尿素溶液,后期用0.2%—0.3%磷酸二氢钾液。追肥后及时用清水冲洗叶面,8月以后停止喷洒液肥。

五是遮阳。白皮松幼苗喜阴,因此幼苗出土后应及时搭建遮阳棚,避免立枯病的发生。遮阳材料的透光度以60%—70%为宜。也可将遮阳网固定在苗床的正上方。遮阳网要高于苗床2米以上,以利于幼苗的管理。遮阳网面积要比苗床面积大1/3,以避免阳光非垂直照射时,苗床外沿苗木遭遇日光灼烧。

六是病虫害防治。为了控制幼苗猝倒病和立枯病的发生和蔓延,应坚持每隔 7 天喷药 1 次。等量式波尔多液，2%硫酸亚铁，1%代森铵或者多菌灵、甲托等交替使用。同时，要及时拔除病株，将病株在远离苗圃地的地方集中焚毁。

七是防寒越冬。一年生白皮松幼苗的组织幼嫩，抗害能力差，最易受到冻害。因而在封冻前灌足水，然后在苗床上搭建防寒棚，保护幼苗安全越冬。一般来说，修建防寒塑料棚，棚上盖草帘，棚要密不透风。白天打开草帘，夜晚加盖草帘，以保持苗床温度。

第二年，继续照之前的管理方法，加强肥水管理和病虫害的防治，促进幼苗健壮生长，维持好较高的保存率。

容器育苗，也是从两年生的幼苗开始进行移植。

第一次幼苗移植，要根据土壤墒情，进行移植前两三天要对苗床灌水，提高容器内营养土的湿度，也有利于小苗在"起、运、栽"过程中容器袋内营养土的保存。容器袋内的营养土是幼苗的生存基础，对维持和恢复幼苗体内水分及新陈代谢的平衡至关重要。只要容器袋内的营养土和幼苗原封不动，就能达到 100%的成活率。在移植过程中，应该做到随起、随运、随栽，尽量缩短从起苗到栽植的时间。栽植时的株距为 20 厘米，行距是 30—60 厘米。移植时要小心谨慎、轻取轻放，不能损坏幼苗的顶芽，亦不能使容器袋内土壤散落。幼苗栽种的深度和容器袋口及地面齐平为宜。

嫁接法。如果采用嫩枝嫁接繁殖，应将白皮松嫩枝嫁接到油松砧木上。白皮松嫩枝嫁接到 3—4 年的油松砧木上，一般来说，成活率可以达到 85%—95%，而且具有亲和力强、生长快的优势。白皮松的嫁接要选生长健壮的新梢，其粗度 0.5 厘米为最好。

嫁接好的白皮松接穗时一定要进行保护，一般是用粘胶纸扎紧扎牢接穗，接穗有了新芽生长，不要取掉粘胶纸，粘胶到时会自动脱落。同时注意经常观察，做好防风、防虫害，以免接穗受到破坏。

两年生苗裸根移植时要保护好根系，避免其根系被风吹干损伤，应随挖随栽，以后要数年转垛一次，以促生须根，有利于定植成活。

飞播育林法。飞播育林是用直升机在高空撒播白皮松种子。飞播的种子大部分被撒在陡峭之地，幼苗一般不移植，在原地自生自长。

飞播前，必须挑选种子，将挑选好的种子用药剂搅拌，以防撒下的种子裸露地面被鸟吃掉。

蓝田县林业局把每年 4 月 10 日至 5 月 1 日定为白皮松飞播期，已

飞播育苗

坚持数十年不停歇。飞播时，地面有专人为飞机插上界地红旗标志，直升机沿着线路来回在上空撒种。地面有专人进行接种指挥，按每平方米接种数量报告，如接种多，飞机升高些；接种数量少，飞机则降低些，直到种子撒播均匀为止。直升机飞播有速度快、撒播种子均匀、不受地面条件约束的优势，被林业部门作为白皮松繁育的首选方式。

对飞播出来的幼苗，要定期检查，主要加强对幼苗的保护，防止被野兽践踏。

大苗培育

白皮松幼苗生长缓慢，要经过两三次移植才能培育成大苗。幼苗移植，只要栽法合乎规范，不但不影响幼苗生长，反而会促进幼苗根系的快速生长。一般来说，最好选用 50 厘米以上的幼苗作为培育种苗。在定植时，行距为苗高的 2 倍，即为 1 米，株距为行距的 70%—100%，即 0.7 米—1 米。高于 50 厘米的大苗，株距和行距依此类推。影响苗木生长的环境因子是多样的，主要有气候、地形、土壤、水源等，以地形和土壤最为重要。山口、风口、山谷及地势低洼、易积水处不能被选为大苗圃地。良好的土壤可以满足苗木对水、肥、空气、热量的需求，为优质苗木提供生长的基础。因而，大苗圃地要选择土层深厚，最好是不少于 50 厘米的熟化肥土层，而且要地势平坦，排水较好，中性或微碱性的土壤，尤以肥润、深厚的钙质土和黄土最佳。地下水位在 1.5 米以下，有灌溉条件的沙壤土为培育白皮松大苗的首选之地。不要在长期种植烟草、玉米、蔬菜、马铃薯、棉花等作物的土地上栽种白皮松大苗。

苗木移植

苗木移植,主要做好三项工作。

一是适时移植。秋季即9月上旬到10月上旬期间和早春即2月下旬到3月中旬为白皮松苗木最佳移植时间。在这期间进行大苗移植,即使大苗根系因移植受到损伤,这时的土壤温度也适宜损伤根系的恢复,有利于及时生长新根。由于这段时间气温相对较低,土壤上部水分蒸发少,容易保持和恢复大苗根部水分代谢平衡,故栽植的白皮松大苗易活,栽植成活率较高。

近几年来,在夏季栽植白皮松大苗也比较普遍。夏季由于气温高导致水分蒸发较快,因而必须从五个方面采取补救措施。第一是在移植时

拉运大苗

增大土球直径;第二是栽前做好苗圃遮阳、喷水工作;第三是栽后及时浇水,三天后浇第二次水,十天后浇第三次水,而且每次浇水后要用细土覆盖树盘内表土;第四是在树盘内覆盖草,用来降低地表温度;第五是大苗栽后的一个月内,每日早晚都要用清水喷雾养护、降温增湿。

二是苗木保护。苗木装车前,必须在拉运的车厢内铺垫草帘等软质地的材料。装苗木时,苗高不足 2 米的可立装;高 2 米以上的要土球放前,树梢向后,用木架保护好树冠。用帆布遮盖树苗,以防风吹日晒。在长途运输中,直至到苗圃地取下,树苗都要轻取缓放,千万不能滚卸或倒卸,以免土球破碎及损坏树冠。

白皮松大苗移栽一般都是在远离苗圃地的地方,不可能移一棵栽一棵,必须提前数天挖苗,这就出现了不能及时栽植的问题,从而会影响大苗的成活率。因此需要将挖下的大苗放在背风阴凉处,也可搭棚遮阳,并按挖下的大苗顺序放置,立放为好。夏季或春秋温度较高时,要对放置的大苗喷洒蒸腾抑制剂。

三是精细种植。要避开刮大风的天气,在晴天上午 11 时前或下午 15 时以后栽种。栽前要按树苗根部土球大小对坑穴作适当的填挖调整。坑穴大小调整到适合树苗土球放置后,再放入树苗,扶正树苗,剪开包装土球的材料,将不易腐烂的包材全部取出。填土至坑一半时,用木棍将土球周围回填的表土踩实,再填满坑穴土,后用脚踏实。踩踏土时,不要弄碎土球。待大苗栽好后,取掉捆拢苗冠的草绳。栽植和取树冠草绳时,一定要注意对大苗顶芽的保护。

秋季栽植大苗,在第二次浇水后,须在树干基部堆成 30 厘米厚的土堆。到了第二年春天,气候稳定时,铲去土堆,恢复树盘。对个别未成活的大苗,选用同规格的大苗及时补栽。

培育管理

培育管理,主要做好以下五个方面。

其一是土壤管理,主要是做好中耕除草工作。中耕时,及时清除大苗根部附近的杂草及缠绕的藤蔓类草。除草要除早、除小、除净。除草时,不能用除草剂,因为除草剂对大苗易造成药害,轻则削弱长势,重则影响树形。同时,采用除草剂不能改良土壤条件,不利于大苗根系生长发育和大苗的良性生长。

其二是肥料管理。根据土壤调查,蓝田岭区和原区土壤含氮、磷较少,含钾较多。因此,施肥以氮、磷肥为主,少用钾肥或不用。山区酸性土壤中磷、钾较少,应增施磷、钾肥。各地在栽植白皮松大苗时,一定要对苗圃地土壤进行测定化验分析,对栽植大苗施肥应遵照土壤缺啥补啥的原则进行。

北京林业大学相关专家表明:氮、磷、钾配比为 3:2:1 的肥料效果最好。肥料元素在土壤中的消耗会影响大苗生长利用率。对栽植后第二年的大苗,每亩地施肥量应为氮 10—15 千克,磷 10—20 千克,钾 5 千克左右。氮、磷、钾是植物生长的三元素,根据土壤条件、苗木的密疏、生长的态势及苗龄大小,合理调整氮磷钾配比,就会收到明显的效果。

施肥要准确掌握时令。白皮松属春季生长型植株,所以要在春季土

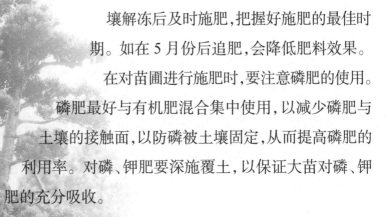

壤解冻后及时施肥,把握好施肥的最佳时期。如在5月份后追肥,会降低肥料效果。

在对苗圃进行施肥时,要注意磷肥的使用。磷肥最好与有机肥混合集中使用,以减少磷肥与土壤的接触面,以防磷被土壤固定,从而提高磷肥的利用率。对磷、钾肥要深施覆土,以保证大苗对磷、钾肥的充分吸收。

使用有机肥时要进行充分的发酵、腐熟;必须将化肥粉碎成粉状。施肥后要及时灌水,促使肥料成分渗入土壤,也防止土壤溶液浓度过大而伤苗根。灌水最好在傍晚进行。

其三是水分控制,包含灌溉和排水两方面。在夏季、初秋给大苗灌溉时,以傍晚为宜;春天时应在中午前后进行;冬天时在中午为好。无论春夏秋冬,每次灌溉后,都要待表土稍干时浅锄保墒。白皮松不耐水浸,夏季如果出现短时强降雨或秋季出现持续连阴雨,会造成苗圃地内有积水。故应及时排水,以免浸泡树苗,影响大苗的正常生长。

其四是整形修剪。一般来说,白皮松大苗培育期间很少修剪。每年只需剪掉枯枝、病枝、伤枝以及已贴地面的枝。对于树冠长得偏的冠枝,可用细绳拉枝补充空间,促使苗冠均衡生长。拉枝时,要保护中央主干,防止其受损伤。

其五是病虫害防治。白皮松对病虫害抵抗性强,易管理。对主干高的植株,注意防止主干皮受日灼伤害。只有加强大苗所需水肥的供应,才能促使其快速生长,减少病虫害的发生。因此要常查常看苗圃地苗木的生长状况,及时发现病害虫情,及时防治,保障树苗生长不受任何影响。

园林种植养护

近年来,白皮松不断进入大中城市的园林,因此,如何在园林中种植养护好白皮松,是城市园林工作面临的新问题,主要体现为如何解决好栽植和养护两个方面的问题。

一是精细栽植。由于园林中人流量大,所以土地经常受到踩踏和车辆的碾压,导致土壤通活性差,土壤中缺少腐殖质和营养物质。因此,必须在栽植前做好整地工作。严格按照技术规程规定的要求进行整地作业,生熟土分别堆放,拣净土中的石块、瓦砾、草根等杂物;不宜生长白皮松的土质,应将树坑的土全部换掉。此外,白皮松大苗的起苗、拉运、集散、入穴等环节必须认真细心,防止土球松散,注意捆绑的侧枝断裂和中心秆顶受伤。采取多项措施减少苗木体内水分损失,适时定植。若是非宜栽植季节,要加大土球直径,切实保护苗木,增加植后浇水次数。

园林中的白皮松栽植方法与苗圃栽植大苗方法相同。大规格的苗木要立柱搭架,捆定树身。栽后的大苗木,再浇水两次。秋季栽植,要在浇了封冻水后进行,在树干基部堆成 30 厘米高的越冬土堆,以防风、防冻、保墒和保护根系。

二是养护管理。主要做好六个方面的工作:每年要给松树除草三次以上。必要时要保留树下的绿草,夏季中耕时结合除草一次完成;每年在生长期追肥一次,追肥可结合降雨作业,天晴追肥,及时浇水,提高肥效;在生长期抗旱浇水,但强降雨或持续降雨时要及时排去低洼处积水;对树冠形状做辅助性调整,对冠内过密枝、下垂枝、受伤枝、枯枝、弱枝进行剪修,保证树体通风良好;加强土肥管理和合理修剪,增强树势,提高白皮松的抗病虫害能力;注意园林中白皮松人为的损伤,喷水除尘,雪后及时扶正被雪压枝条,振摇积雪,对歪斜苗木及时扶正并在主干基部适量培土,对风折枝条及时修剪。

人为灾害防治

灾害包括人为灾害和自然灾害两类。蓝田白皮松同样遭受过这两类灾害的侵袭。

1981年到1982年,改革刚刚起步,法律不够健全,林权不够明晰,有些人以生活困难为借口,私自进入山林,偷盗集体林木,乱砍滥伐林木的现象在山区不断出现。

据《蓝田县公安档案》和《蓝田县志》记述:"1981年春至1982年底,九间房乡、许庙乡周围一些群众乱砍滥伐,毁林严重,乱砍林木达4500多亩。"特别是"了子河毁林案件","了子河毁林案件"是发生在蓝田九间房乡的一件骇人听闻的毁林案件,其时间之久,参与人数之多是蓝田林业史上从未有过的。

起初,只是一位村民晚上砍了几根松木椽偷卖,村干部见了也不过问。其他村民见村干部不闻不问,于是也开始在白天大摇大摆地砍掉松木椽往自己家里运。数天之后,整个村一半村民都上山砍伐树木,村干部将此情况反映到乡政府,乡政府只是派了一名干部去做调查,调查的乡干部见到满山遍野都是乱砍滥伐的人,只听见"咣!咣!咣!","哪!哪!哪!"的声音此起彼伏。调查的乡干部挡住了一位拉着装满架子车新木材的中年人问:"你是哪里人? 为什么要砍树木?"那人脖子一扬说:"我是许庙街道的人,听人说了子河的树木随便砍,没有人管,村干部也在那里和大家一同砍树呢。"

调查乱砍林木的干部感到事态的严重,回到乡政府向领导汇报了情况。乡政府领导带着全乡所有干部,第二天一大早到了子河村进行拦截,收缴了几车被盗砍的木头,乱砍滥伐的状况稍有缓解。然而白天砍树的人少了,晚上去砍的人却多了。又过了几天,了子河附近的村民又是蜂拥而至,大白天上山砍林木的人多达上千人,浩浩荡荡的乱砍滥伐木材队伍岂是几位乡干部能够阻挡得住的。乡政府领导又不愿将此情况上报县委、县政府,此种现象一直延续了20天的时间,导致直接毁林面积达到4500亩之多!

正在乡政府干部束手无策之际,1981年,中共中央、国务院下发了《关于保护森林发展林业若干问题的决定》。1984年,《中华人民共和国森林法》颁布了。蓝田县主管林业的副县长听到了子河林木遭到空前洗劫,立即驱车到了子河村想看个究竟。

主管林业的副县长到了子河村后,举目一望,昔日的青山绿树不见了,只有乱石和白花花的树根在阳光下闪烁,像大地灵物求救的泪眼。脚下的了子河流淌的不是溪水,而是惨遭杀害的树林的"血"。这位副县长立即到乡上组织专案调查组,并从公安局抽调了5名公安人员,组成专案组,自己担任专案组组长,连夜开展工作。不到半月,毁林案件全部调查清楚,依法逮捕了10名带头和煽动乱砍集体林木的村民,对了子河村大小干部,凡参与毁林案件的一律撤职,并移交公安机关处理;对一般群众,没收所砍木材,按照数量进行相应处罚。要求重新上任的村干部和村民共同学习《中华人民共和国森林法》,增强他们的法律意识。新任干部利用春秋两季植树造林之际,带领了子河村民重新在毁坏的林区植树造林,使了子河村逐渐恢复了昔日的绿色。

护林的弦必须绷紧,时刻不能放松。在"了子河毁林案件"发生 6 年后的 1989 年,蓝田县再次发生了普化、马楼乡沿南山 7 个村群众毁坏国家林木的事件。据《蓝田县志》记载:"1989 年 6 月,夏收期间,普化、马楼乡沿南山 7 个村社员,趁动乱之际,哄抢终南、赛峪两个工区母林 500亩。"500 亩母林中有不少白皮松也同样被抢挖。不法群众哄抢国家林木,使县委、县政府领导认识到护林的长期性和艰巨性。县委、县政府领导召开联席会议,根据《中华人民共和国森林法》及中共中央、国务院下发的《关于保护森林发展林业若干问题的决定》,在山区八乡开展"稳定山林权属,划定自留山和确定林业生产责任制"活动,对国家、集体、社员用材林进行明确界定,制定护林制度等。经过体制改革后的山区八乡,至今再未发生人为毁林事件。

回忆这段蓝田林业被人为毁坏的历史,我们要牢记历史的教训。在新时代的征程中,我们只有坚持依法治国和依法治林,才会使历史悲剧不再重演。

除了人为乱砍滥伐,对白皮松和其他林木造成严重损害的还有火灾。火灾 99%以上是人为造成的。自然界因雷电、磷火引起森林大火是非常少见的。

"灾"字,从汉字的结构来讲,是宝盖头下一个"火"字。宝盖是指人住的屋子,屋内有火,便是家中有火之危。一旦家中失火,不仅威胁家人的生命及财产,也可能危及邻里。"灾"字形象地说明火灾是人见人怕的

神奇
白皮松
SHENQI
BAIPISONG

灾难。森林如果失火，如不及时扑灭，后果将不堪设想。我们常说的"水火无情"就是这个道理。

对于蓝田森林遭遇火灾的情况，《蓝田县志》是这样记述的："中华人民共和国成立后至1986年，本县很少发生森林火灾，但1987年内发生大小火灾30余起，最严重的一次为闫家山幼龄林区，烧毁幼松林2000余亩，损失严重。"

1987年是少雨多旱的一年。这一年，许多不耐旱的树木因为缺水几乎落光了叶子，尤其是在浅山地区，杨树、柳树、枸树等落叶在地上和干枯的杂草堆在一起，极易被点燃。山下着火，既使无风火也会顺着山势燃烧，顷刻间成为火海。松树含有易燃物松脂，火舌一旦舔到松枝，松林即刻变成火海。待到村里群众发现时，已非人力所能控制了。1987年山区八乡都曾多次发生森林火灾，一处未了，一处又起。从发生的火灾次数计算，山区八乡平均每个乡发生4次以上小型火灾，共计损坏森林近千亩。这些烧毁的森林，属白皮松混合林，而且都是树龄较大的白皮松。群众称这一年为林区"火灾年"。

"火灾年"最大的一次森林火灾，发生在玉山镇闫家山飞播幼林区。

闫家山飞播林区是20世纪70年代末，县林业局在省林业厅科研处指导下的飞播白皮松试验区。飞播后出苗率高，幼林密度大，长势良好。到1987年时，白皮松树苗已有10年树龄，高度都在2米以上，近看整齐如一，远观如同绿色挂毯铺满山坡。省林业厅将其作为飞播示范地，并作为全省林业系统参观学习的样板。每天来此参观的人络绎不绝，市、县林业部门要求参观者在林区方圆1千米范围内禁止吸烟，以防引起火灾。

天有不测风云。深秋的一天，护林员发现离幼林区2.5千米处有一片半人高的枯草在燃烧，手里拿把铁头锨飞跑过去，想扑灭火源。那天正刮西风，火乘风势，风助火威，转眼间火墙烧到了白皮松幼林边，刹那间幼林烧起了比草丛更高的火焰，直烤得人在一里外也感到灼热难耐。护林员吓得哆哆嗦嗦地眼看着无情的火焰吞噬着白皮松幼林。待周围群众见到滚滚的黑烟云从白皮松幼林升起，拿起扑火工具跑到白皮松幼林边时，只能眼睁睁地看着白皮松幼苗在烈焰中燃烧，直烧到山顶，方才熄灭。这次火灾烧去白皮松幼林 2000 余亩，青翠绿山转眼变为灰烬，谁见谁觉心痛。

森林公安人员和乡护林员后来发现，起火点有根香烟过滤嘴头，不知是参观者还是砍柴草的村民吸烟时随意丢下的烟蒂，虽在五里以外，但干草遇火，风又助燃，焉有不"着"之理。

这次白皮松幼林火灾，使蓝田县林业局受到了深刻的教训，认识到了森林防火不能有丝毫放松，于是在林区修了防火水泥路、防火瞭望塔，减少了发生火灾的可能性。

防火不但是林业部门和所在乡镇、村、组干部的事，更是林区村民的事。

2004 年农历十月一日，是村民按照传统习俗祭祀已故祖先的日子，俗称"鬼节"。辋川乡西杆庙村一名老大爷在山下的老坟烧纸，此时山谷中一阵风吹来，吹起一片正燃烧的黄纸，最后黄纸落在坟旁不远处的一堆荒草里，转眼间荒草燃起大火，顺着山势向白皮松混合林烧去。老大爷已年过 70，见过不少森林火灾，感到事态严重，急忙跌跌跄跄地向火堆吃力地跑去，拾起一截树梢，拼命扑打。谁知他情急之下忘了安全，站在火头上方，越打火越旺，不大工夫，他被烈焰烧着，最后活活地被烧死了！

当山下村民望见山上起火，带上灭火工具跑到着火的树林旁时，大火已无法扑灭。瞬间，大火烧到了半山腰。

蓝田县委、县政府领导亲自带领全县干部和附近村民奋战了整整一个星期，日夜不停，终于扑灭了火。这次火灾共烧去白皮松混合林近千亩，为辋川村民严防森林火灾上了一堂惨痛的教育课，使辋川村民对防火有了深刻认识。他们自觉防止火源再出现。从此之后，白皮松林再未发生过火灾。

对白皮松林人为破坏，还包括在林区随意乱放牛羊，在林下搞多种经营、种植等。

在山区，放养牛羊是山里人的传统习惯。在山坡林区放养的牛羊，虽不吃白皮松的枝叶，但踩踏白皮松幼苗，这直接影响了白皮松的自然繁殖。同时，在白皮松林中穿行的牛羊，往往会碰坏白皮松的新枝，使白皮松坏枝不再生，所以难免破坏白皮松树冠的生长。省政府和市政府做出了保护秦岭生态环境的决策，禁止在秦岭山林中乱放牛羊，而且要求非常严格，从源头上杜绝了这一人为破坏白皮松林的不良行为。

在开放搞活农村经济的政策下，一些山区村民在树林下种茯苓、天麻等药材，这本无可厚非，但个别村民挖种茯苓、天麻时，不顾周围白皮松树根，往往挖断树根种药材，使白皮松根系无法更好地吸取地下营养，影响了白皮松的正常生长。林业部门对种植药材的山区村民进行培训，教他们掌握如何利用空地，不与白皮松争地的方法，做到药树生长互不影响，既能种好药材，又能保护白皮松树根不受损伤。

近几年来，白皮松种子价格飞涨。一些采摘白皮松种子的村民，有时为了多采种子，对不能直接用手摘的松果枝条，用钩子将松枝破坏性地钩下,造成枝条断掉,树枝稀疏,被破坏的白皮松光合作用减少,松脂流淌。因此,各山区镇政府已开始加强对村民采摘白皮松种子的教育,甚至举办技术培训班,杜绝破坏性地摘取白皮松种子的粗暴做法。

病虫害防治

除了人为灾害,自然灾害也影响着白皮松的生长。一般的地震、旱涝是不会对白皮松造成危害的。

直接对白皮松造成危害的是病虫害。常见的白皮松病虫害有六种。

一是苗木猝倒病。苗木猝倒病出现在白皮松幼苗在苗木出土至幼苗木质化后的时期,特别是在幼苗出土至幼苗木质化前这段时间,最易发生而且较为严重。不同时期苗木受害后所表现的症状不同,可分为种芽腐烂型、茎叶腐烂型、幼苗猝倒型、苗木立枯型等。苗木立枯型也叫根腐型立枯病。

猝倒病的病源来源于土壤,其病源能长期在土壤中生存,白皮松苗床土壤如果前期种的是蔬菜、棉花等易感病植物,那么土壤中会有大量病株残体。这种病菌繁殖快,在土壤中积累多,幼苗极易受侵染。因为一年生的幼苗较弱,猝倒病菌侵害比较容易,这成为白皮松幼苗受侵害的主要病源。特别是从幼苗出土到幼苗木质化这个阶段,是猝倒病的高发期。发病的时间在4—10月份,因各地气候和播种期不同而有所不同,一般是在幼苗出土后的1个月左右为猝倒病的发病盛期。

白皮松猝倒病的病源菌种类较多,各类病源菌对环境条件要求和对各种杀菌剂的反应程度亦有所不同。猝倒病是白皮松幼苗期的常见病,分布广,因地区差异导致病源种类并不完全相同。而且猝倒病的病源菌种形成了对各种土壤的适应性,在土壤中生存时间较久,加之生病盛期在种芽和幼苗时期,是白皮松幼苗最脆弱时期,一旦发生较难根治。因此,要坚持"预防为主"的方针,主要是采取合理的育苗措施,通过催芽提早出苗,在病虫害高发期培育具有抗体的壮苗。主要从七个方面采取防治的办法。

第一,选好苗圃地。苗圃地要地势平坦,土层较厚,透水性良好,选用微酸性沙质土或轻黏性土壤。不要在地势低洼、易积水、排水困难及土壤黏性大的地段育苗。苗圃地如果以前种过蔬菜、棉花、玉米、花生等作物,则不能育苗。如果确实难找苗圃地,必须要在种过上述所说植物的地里育苗,则必须对土壤进行消毒处理。最好将闲置荒地开垦后,作为白皮松幼苗育种地,因为此种地病虫害相对较少。

第二,精耕细作。要将苗圃地深翻耙平。对土壤和种子进行消毒处理。如用容器播种时,在容器内也要填装消毒后的土壤和种子或装上火烧土。无论是苗圃直接播种还是容器播种,都要在播种后的种子上面覆盖一层拌有土壤消毒剂和种子消毒剂的灭菌土或火烧土。

第三,控制灌水。苗床多水易造成土壤湿度大,也易造成猝倒病发生。要严控灌水量,在幼苗猝倒病期,只要土壤水分能保证幼苗生长,就不要浇水或尽量少浇水。

第四,适时去荫。为防幼苗夏季日灼,可用草帘遮阳。幼苗逐渐长大,抗病能力增强时,要及时去掉草帘,防止湿度过大,幼苗脆弱引起茎叶腐烂病,俗称幼苗"烂病"的发生。

第五,化学防治。用五氯硝基苯、硫酸亚铁(黑矾)、福尔马林等化学药剂,提前对苗圃地和容器盛土进行消毒处理,用敌克松对种子消毒处理,减少猝倒病的发生。

第六,生物防治。苗圃地和盛装入容器的土,要菌根菌松林土、菌根制剂灭菌土,或火烧土、木霉菌土混合搅拌使用,防止猝倒病的发生。

第七,针对猝倒病的发生,预防是主要的。一旦预防不到位,出现了猝倒病,就会很快传染,迅速发展,刚出土不久的幼苗就会大批死亡。因此要立即采取医治措施处理,但这只是一种辅助措施。虽是辅助,不能根治,总比不治好。目前辅助治疗白皮松幼苗猝倒病的办法是:在幼苗基部施前述药土,也可喷洒 70% 敌克松可湿性粉剂 500 倍溶液,1:1:120—170 的波尔多液。洒药或喷药后要将幼苗茎基部立即用清水冲洗,防止茎叶受到药害。

二是松大蚜。松大蚜专门吸食白皮松针叶基部木质汁液,是一种危害白皮松生长的成虫。松大蚜虫卵从深绿色变为黑色,时常将十多粒卵排产在针叶上,最多 22 粒卵排列成行。卵在松树叶上过冬。弱蚜也叫若虫,在每年 4 月下旬到 5 月中旬孵化,5 月中旬出现无翅型成虫,全为雌性。5 月间出现翅蚜,又迁飞繁殖,这时也是对松针叶危害最为严重的时期。5 月中旬到 10 月上旬,可同时见成虫和各龄期弱虫,10 月中旬交尾产卵。松大蚜成虫为黑色,成虫吸食树木汁液,可引发煤污病。1—2 年生嫩枝和幼树是松大蚜主要侵害对象,严重时可造成树势衰弱,甚至死亡。

因此,防治松大蚜虫十分重要。要加强对白皮松的抚育管理,尤其是幼龄林。冬季剪除着卵叶,集中烧毁,消灭虫源。3 月中旬以后,可以喷洒 2.5% 溴氰菊酯乳油 5000 倍液,或用 40% 氧化乐果乳油 1000 倍液,抑制虫卵孵化。此外,要定期浇水,补偿水分散失。强化日常管理,补充养分,增强白皮松抵御松大蚜危害的能力。近几年来,随着环保防治理念被重视和推广,在松大蚜不甚严重时,可以用瓢虫、食蚜虻等松大蚜的天敌进行生物防治。若虫害严重,必须用药物进行专项治理。

三是松梢螟。松梢螟又叫松梢斑螟。成虫体长 10—16 毫米,翅展约 24 毫米,前翅灰褐色,翅面上有白色横纹 4 条,中室端有明显大白斑一个,后缘近横线内有黄斑。松梢螟幼虫在被害梢蛀道内或枝条基部伤口越冬。

松梢螟的卵近圆形,常约 0.8 毫米,黄白色,临近孵化时呈暗赤色;幼虫成熟时体长为 25 毫米,暗赤色,各体节上有成对明显的黑褐色毛瘤,毛瘤上有白毛 1 根,松梢螟的蛹长约 13 毫米,黄褐色,腹末有波状钝齿,上面生有钩状臀刺 3 对。

松梢螟能够钻蛀白皮松主梢或幼树干,致使松梢死亡,引发侧梢丛生。侧梢向上生长,导致树干弯曲,严重时会引起树干断裂。松梢螟幼虫也蛀食球果,直接影响种子质量和产量。

松梢螟一般对 6—10 年生幼龄林危害最重,尤其是对郁闭度较小,立地条件差,生长不良的林木危害更为严重。故而,适当密植,加强抚育,使幼苗抗旱郁闭,可减少松梢螟的危害。

对危害严重的幼林,在冬季剪除被害梢,集中烧毁,杀死越冬幼虫。在受害严重的林区,趁幼虫转移危害期间,喷施 40%乐果乳油 400 倍液或 50%辛硫磷乳油 1000—1500 倍液。产卵期间,即在 6 月中下旬时,集中喷洒菊杀乳油或氧化乐果 2—3 次。也可以用黑光灯、性信息素进行诱杀。

四是地老虎。俗称土蚕、地蚕、切根虫、夜盗虫等。地老虎的幼虫危害幼苗，幼虫夜晚出土活动，将幼苗茎秆距地面1—2厘米处咬断，也能爬到幼苗上部咬食嫩茎和幼芽，造成幼苗死亡而缺苗，严重影响白皮松幼苗生长。

对地老虎的防治主要根据虫龄不同采取不同方式进行杀死。在幼虫盛发期，用大水漫灌，可杀死大部分初龄幼虫；对1—2龄幼虫，用90%敌百虫1000倍液，20%乐果乳油300倍液，75%辛硫磷乳油1000倍液，2.5%溴氰菊酯3000倍液喷雾状，效果较好；对大龄幼虫，每天清晨扒开被害株周围表土，挖虫捕杀。

五是蛴螬。蛴螬是我们常见的地下害虫，成虫学名叫金龟子。成虫极像只大蚕，体形肥胖、短粗、色白，用手触之立即蜷缩作假死状。蛴螬不但经常危害农作物，也危害白皮松幼苗的根、茎。被咬吃的断口，整齐平截。

防治的办法是在白皮松苗圃地撒施3%西维因粉剂，然后耙松表土，使入土的成虫触药死亡；如果发现成虫量大时，喷洒5%高效氯氰菊酯5000倍液；也可深翻捡拾，用捡拾的成虫蛴螬喂鸡再好不过；又可利用成虫的趋光性，在成虫期设置黑光灯诱杀。

六是金针虫。金针虫主要咬食白皮松幼苗的须根和主根，使白皮松幼苗根部残伤。缺少了吸收营养的根部，轻则影响生长，严重的就会枯萎死亡。受害幼苗根部一般不会被咬断，被咬部位不整齐，呈丝状，这是金针虫危害幼苗根部显著特征。

防治金针虫的方法，是在白皮松苗圃地撒施3%西维因粉剂，耙翻表土，使金针虫触药而亡；成虫发生期，喷洒5%高效氯氰菊酯5000倍液；

神奇
白皮松

SHENQI
BAIPISONG

亦可用黑光灯诱杀成虫。

总之，在培育白皮松时，只有掌握它的生活习性，不断研究防治病虫害的办法，加强细致入微的精准管理，幼苗、小苗、大苗才能健康成长。

白皮松苗圃成为蓝田新兴产业

白皮松科学育苗法的推广，使白皮松苗农如虎添翼，促进了白皮松苗圃成为蓝田新兴的产业。

片片白皮松苗圃，是篇篇绿色追梦的诗！蓝田白皮松苗圃迅猛发展，目前已形成了辋川白皮松苗圃繁育基地、岭区白皮松苗圃繁育基地、灞水沿岸白皮松苗圃繁育基地、白鹿原白皮松苗圃繁育基地。

蓝田四大白皮松苗圃繁育基地，同时也是蓝田四大美景区，即"辋川烟雨""秀岭春色""灞水环流""鹿原秋霁"。同时，白皮松苗圃繁育基地也为四大风景区增添了绿锦翠毯般的美丽。

辋川白皮松苗圃繁育基地，是白皮松的原产地。辋川地处秦岭北麓浅山地区，以沙壤腐殖质土为主，山低沟浅，常年湿度较大，"辋川烟雨"如雨似烟，是烟云缥缈的世界，正适合白皮松的成林生长。因此，辋川人在山上自采白皮松种子，在自己的庄前屋后小块菜地上育苗。家家户户成了繁育白皮松苗专业户，哪怕是手掌大仅能种一棵苗的石旁道边，都是白皮松幼苗。到2017年底，辋川地区白皮松苗圃繁育基地达到2万亩，辋川人栽种白皮松的热情一直未减，成为蓝田白皮松繁育产业的领军地。

岭区白皮松苗圃繁育基地，包括过去的岭区金山、厚镇、三官庙三个镇，即如今的两镇，厚镇和三官庙镇。

蓝田北岭地区，当地人称"北岭"，因在蓝田县城北而呼其名。北岭像一条巨龙横卧，在西安临潼区突然变成横断险山，横断处被称为骊山。骊山是古长安至今著名的风景区。

岭区白皮松苗圃繁育基地沟壑纵横，砂砾土深厚，又以小块台田为主，适宜白皮松幼苗生长。沿着蓝田县上北岭的"蓝金路"，驾车上岭一游，会有心旷神怡之感。公路两旁的白皮松苗圃如绿色藏毯挂在天边，随风舞动的树苗，似巨绸飘动。飘动绿绸间，东一家西一家的白色小楼，在阳光下格外耀眼。数年没有回过家的游子，竟然找不到家在何处，他们眼前只有翡翠般的白皮松幼苗，昔日破烂不堪的土坯房已不见踪影。正是这些白皮松改变了当年贫穷落后的岭区。据统计，蓝田北岭地区白皮松苗圃繁育基地现已达 1 万余亩。小的苗圃地不到半亩，大的苗圃地数十亩，苗圃地多达 300 块以上。

灞水沿岸白皮松苗圃繁育基地坐落在秦岭北麓，灞河两侧，南至南山下，北到灞水两岸，东起玉山，南至簧山一带。乘车从将军岭隧道沿环山路穿行，在沿山公路两旁除了鳞次栉比的村落小楼，已不见昔日风吹浪涌的稻田或麦田，却是连绵到山下的白皮松幼苗。灞水两岸和终南山下的平展土地是黑砂土，土地肥沃，加之灞水已非昔日之盛，稻田不再，正好种白皮松幼苗。于是灞水沿岸那被蓝田人称为东川的地方，除极少数麦田外，都栽上了白皮松幼苗，大苗圃一块可达到四五十亩，小苗圃也在 10 亩左右，连襟带袖，组成灞水两岸 2 万多亩白皮松苗圃繁育基地。

白鹿原白皮松苗圃繁育基地，是紧跟在辋川白皮松发展之后兴起的。主要以栽植培育大苗白皮松为主。

白鹿原邻近西安，地势平坦，气候适宜，加之交通十分方便，是白皮松最佳生长地。辋川人歪打正着地选择了这块土地来培育白皮松大苗，白皮松在这里的长势比在蓝田任何地方都好。数年间，白鹿原浩瀚无边、一望无际的田地上，栽遍了白皮松大苗。沿着西安水泥厂到白鹿原的安村镇公路——水安路行走，两旁尽是白皮松，绿海无边，直到天际间。如果驾车沿着白鹿原北原塄的观光路向北行驶，从右边居高临下东望，被灞水粼粼的波光三面环绕的蓝田县城，犹如积木垒成的各种高低不同的楼群，夹在灞水和横岭之间。侧首西望，一路青纱绿帐，白皮松高过小车，挡住了视线，绵延十多里。每过两三里路就有一个彩钢板看护房，迎路面的看护房外都有醒目的"白皮松苗圃地"招牌，上有联系电话。下车放眼望去，绿树如海，直到天际。

白鹿原白皮松苗圃繁育基地，使人感到广阔无垠，是目前全县最大且苗木质量优良的白皮松苗圃繁育基地。安村、巩村、孟村三个镇的白皮松苗圃地已超过 4.5 万亩，成为各地白皮松苗客商的首选地。

每逢节假日，全国各地游客在参观白鹿原影视城、白鹿原民俗村、白鹿仓景点时，看到白鹿原上直接云天的白皮松苗圃地，如人在绿海行，无不心情舒畅。导游会讲述一段白皮松的神话故事。游客会静静地聆听，沉浸在美妙的传说中。这正是：

> 当年道祖曾点化，
>
> 白鹿童子引渡它。
>
> 今日重返仙原地，
>
> 志在倩影留天下！

蓝田县白皮松苗圃繁育地，正以铺天盖地的速度发展，仅辋川林农拥有苗圃繁育地产权的人达到 1000 多人，百亩以上的苗木基地 50 多个。一位自驾游蓝田的西安小伙说："蓝田凡有路的地方，就有白皮松。"可见蓝田白皮松已成为蓝田的大产业。它比周至猕猴桃、户县葡萄、灞桥的樱桃、临潼的石榴种植面积大过好几倍，是目前西安市乃至西北地区白皮松种植业的龙头。

蓝田狭小的土地面积，已满足不了白皮松栽植所需。专门从事白皮松栽植的林农，在改革大潮和进城务工农民的影响下，开始走出大山，走出蓝田，谋求白皮松的发展。近者在西安市周边寻求适合白皮松种植的地块，远者在河南郑州、天津、北京郊区高价租赁土地，栽植白皮松，为大城市绿化提供所需苗木，既节省了运输成本，又增强了白皮松的宣传效果，走出了一条白皮松发展的新路子，受到了国家和社会的普遍关注。

第六章

树经富民

辋川，位于西安市东南 50 多千米处，蓝田县城 5 千米的尧山口内，是秦岭北麓南北走向的山谷。因溪涧旁通，中有辋水相连，宛如车辋，故称辋川。辋川是秦岭北麓少有的山清水秀之地，是奇丽如幻景般的长安近景，是闻名古城长安的著名自然风景区。

"山不在高，有仙则名。水不在深，有龙则灵。"辋川因唐代尚书右丞王维隐居于此而出名。

王维诗中写松但不去描绘松的青翠和挺拔，而是写出松生长的方位。他的山水画中松的身影，其实都是白皮松。因为那时辋川到处是白皮松，而其他的松类较少。

自王维修建辋川别业后，才逐渐有当地人开始移居辋川。这块藏在深山人不知的佳境，才获得了勃勃生机。

辋川紧邻蓝关古道，一山两隔，又有锡水洞相通，山顶、山坡、山下田地遍地是白皮松。举目回望，密密麻麻的松林，叶翠，干白，是蓝田生长白皮松最集中、面积最大的地方。

山水相宜，郁郁葱葱，昔日一代一代的白皮松被当地人砍伐使用，而今一代一代的白皮松在这里苗壮成长，这里成了白皮松生长的理想王国。因此，白皮松只要长到可作椽檩时就被人们采伐，枝梢作柴，树干大的当作檩，小的当作椽，是当地人自古以来的财源。

一代一代的辋川人，守着这块风水宝地，看着白皮松不断地布满山冈、悬岩、水边、道旁、田陌，过着简单的农耕生活，与白皮松和谐相处。

中华人民共和国成立后，过去那种一山一主、一林一主的延续几千年的体制被打破，山林归集体所有。白皮松林也被国家保护，为集体所有。村民或村委会要用材，须经林业局批准，这为保护白皮松林筑起了一道墙。

法律的保护，科学造林的推广，使辋川山沟坡岭，甚至连猴都爬不上去的陡峭山崖上，都直刷刷地长出了白皮松。

人们在期待中看着白皮松苗长大、成林。

当成林的白皮松达到可作椽的粗细程度时，县林业局会按政府办公会议决定，每年采伐300至500立方米的木材，分配到全县山外各乡镇，解决村民建房用椽问题。

白皮松主干端正，不易折断，与杨木相似，是作椽的好木材。

改革开放以来，随着社会不断发展，文明不断进步，一些有识之士开始重新认识白皮松。白皮松作为首选绿化树木,身价倍增,也让辋川人找到了致富之路。

县林业局提出"加强白皮松管理,鼓励村民自己育苗,大念白皮松树经,发展苗木产业"。要求必须严管国家、集体林木,村民可用承包耕地种植白皮松,并组建了村民白皮松专业组织。

负责管理林木的辋川林业站的林业科技干部,都毕业于西北农林科技大学林业专业。他们在站内的空地上育起了白皮松幼苗,并经常到村、到组指导林户培育白皮松幼苗。村民培育的高达15—20厘米的白皮松幼苗,每棵卖到了5元钱,一亩地里的白皮松幼苗收入可达10万元。此消息传出,西安市所属的周至、长安、户县以及山东、河南等地的林场,都将多年卖不出去的白皮松苗拉到蓝田来卖。蓝田县城灞河桥头成了全国最大的白皮松树苗市场。

白皮松树苗的高价出售,导致辋川适宜生长白皮松的所有土地都栽种上了白皮松。路旁即使只有可栽一棵树的地方,也被村民利用。经林农一两年的辛勤管护,白皮松迅速成长。

蓝田县林业局通过建立蓝田白皮松销售网络平台,审查白皮松树苗标准,严格检疫,办理运输手续等推介蓝田白皮松,全方位为林农提供服务。

蓝田白皮松被全国各地种植户认可,来蓝田辋川买白皮松幼苗的客商纷至沓来,使得蓝田辋川白皮松价格不断飙升。

神奇
白皮松

SHENQI
BAIPISONG

2010 年全国农情调查时,辋川乡出售白皮松幼苗的林农思想保守,不愿给调查人员说出真实收入,只是说:"反正够全家生活用,也就是几十万元。"一位退休的统计局长,在辋川有亲戚,在与亲戚的交谈中得知:到 2010 年,长年出售白皮松的大户,据推算,收入已累计千万元以上;一般中等家庭,通过栽种白皮松累计收入也有五百万元左右;出售白皮松苗最少的林户,累计收入也在百万元以上。

昔日的山区贫困乡,如今发生了翻天覆地的变化。今日辋川,赛过陶渊明梦想中的桃源:

> 山腰高速公路悬,
>
> 小楼座座依山边。
>
> 林下但闻鸡犬喧,
>
> 松竹相间绿似海。
>
> 西装革履惊飞禽,
>
> 多年不见鸟又还。
>
> 王维难觅昔日地,
>
> 不见云中露秃山。

在城市化、现代化建设的浪潮中,辋川人的思想观念也在改变,在追随着时代的步伐。尤其是年轻一代,他们的穿着、言谈举止已不像过去"山里人"那么保守。

松树沟的村主任刘振兴 30 岁出头,高中学历,因高考时患病,导致能力没有得到很好地发挥,他硬撑着身子勉强答完试卷,结果考试成绩距录取分数线差了两分。父母让他再补习一年,他却说:"除了高考,就没活路了吗？"于是他跟村里人做起了白皮松生意。由于他有文化，又能说会道，很受客商欢迎。他的生意越做越顺利，一年下来赚了六十多万元，便拿出十万元为村里修了水泥路。原来的村主任年纪大了，在村委会换届时，村民全票选刘振兴当了村主任。

刘振兴所在的村地处"辋"形的沟岔山，仅有的土地已被村民栽满了白皮松。村民出售一茬，再植一茬。他们对每年不错的收入感到很满足。

至今，辋川人还记得刘振兴租地种白皮松的事。

2005年的一天，刘振兴去西安灞桥田王镇办事，见公路旁到处是西瓜。正值夏季，他到路边西瓜摊前买了两个西瓜，准备带回家给父母吃。卖瓜人一口河南话，刘振兴坐在瓜摊旁的小凳上，和卖瓜人交谈起来。交谈中得知，卖瓜人是以每年每亩地一千元租地种西瓜。他灵机一动，如果在这里租地种白皮松，仅运输费用就可节省一大笔钱。想到此，他问种西瓜的河南人："这村的主任你熟悉吗？"

卖瓜人用手一指说："正指挥妇女装西瓜的那个青年人就是田王村村主任。"

刘振兴上前打招呼："村主任，你们村还有出租的土地没？"

村主任看了一眼这位长得不起眼的年轻人说："土地有的是，一看你给的啥价钱，二看你租赁的时间长短，三是一次付清租赁费。"

刘振兴听后说："价钱和租种西瓜一样，按每亩每年一千元算，租五十亩地五年时间，一次性付清租赁费。"

田王村村主任见刘振兴是个大租户，又问了一句："你租地种啥？"

"种白皮松。"刘振兴只说了四个字。

田王村村主任说："啥白皮、绿皮，不就是栽松树么。种树太伤地，每亩得加二百元。"

刘振兴还价："一百元。"

田王村村主任见刘振兴是个实在人，也就不再讨价还价。

刘振兴告诉田王村村主任，要五十亩地连在一起，这样便于管理，三天后他来签合同，四天后一次性交款。

刘振兴拿起瓜摊上的两个西瓜，坐着班车回到了辋川松树沟，告诉了家中的父母自己准备租地种白皮松的事。

两位老人听后，坚决反对。已七十余岁的父亲红着脸，用右手食指指着刘振兴说："你是吃饱撑得，你没算五十亩地五年的租费是多少？还要雇人看。世上的钱能挣完？快安分守己过日子，甭胡折腾了。"

"不就是二十七万五千吗？看把你吓成这样。"刘振兴大咧咧地说。

平时很少说话的母亲冷冷地抛了一句："你是看咱屋的钱把你烧得难受吧。"

刘振兴干脆保持沉默，知道再说也是白说。到了晚上，他把这事告诉了家中管钱的媳妇，媳妇到底年轻，思想开放，认为值得一搏。但两人商量后决定这事只能秘密进行，不能告诉两位老人。

为了保证家中日常生活不受影响，刘振兴还从辋川信用社贷了 10 万元。他和田王村村委会签了合同，一次性付清了五十亩地的租金。

刘振兴又在田王村找了一位中年农民给自己看林，按每月 350 元付酬。

到了秋季，田王村村委会将村南紧邻灞河的一片面积 50 亩的沙土地，租给刘振兴种白皮松。

整地、栽苗都是由刘振兴在田王村雇的在家的闲劳力完成的。田王村的人从此见了刘振兴就叫他"刘老板"。

刘振兴如往常一样住在家里，不是去乡里开会，就是偶尔去灞桥走亲戚。

说是到灞桥走亲戚，实际是看白皮松的长势，及时安排人除草、松土、浇水，亲自验收后，才给雇工发工资。

在灞桥田王村租地种白皮松的事，除刘振兴的妻子知道外，辋川再无一人知道此事。

五年弹指一挥间。

到了第五年春天，刘振兴栽种的白皮松竟然都长到了 1.8 米左右。其形如绿色宝塔，枝叶茂盛，绿油油得惹人喜爱，引得城里的年轻人经常到白皮松基地拍照留念。更有甚者，每逢周六、周日，一些红男绿女们在白皮松基地的灞河岸边跳起了舞。还有摄影爱好者将白皮松用特写镜头拍照，发到网上让大家欣赏。

关于白皮松的栽种，刘振兴采用了他自己总结的科学的"移取售卖法"。即初栽按 0.5 平方米密植，栽五龄松苗一亩地可种三千多苗。第二年按 0.8 平方米先留好种苗后，将多余的卖掉，再移植一次留下的幼苗。第三年按 1 平方米选好留种苗，又将其余树苗卖掉，将留下的幼苗在地内重新移栽。第四年按 1.5 平方米留下标准种苗，再将其余树苗卖掉。卖掉树苗的钱除劳工和护工工资外，还略有节余。

到第四年秋,刘振兴的白皮松基地中剩下的都是经他精心挑选留下的标准白皮松,而且按照新的距离重新移植,并施足底肥,使移植的白皮松长得更快。刘振兴掌握了白皮松幼苗习性,每年移一次,可促进白皮松树快速生长,长得棵棵苗壮,树形优美。

第五年春季,刘振兴就开始联系客户,准备出售苗圃地里的白皮松。他清楚第五年是租赁用地合同的最后一年,到年底白皮松必须全部出售,否则会出现许多意想不到的问题。

自他在白皮松苗圃地的看护房墙上挂了出售白皮松的广告后,就有客商找上门来。加之有游客在网上宣传白皮松苗圃地,半月后前来购买白皮松的客户络绎不绝,但每次都是因价格问题难以谈妥。加上用户要买的白皮松数量不多,他生怕客户只买几棵白皮松但满园挑选,挑去了长势最好的白皮松,那往后剩余的白皮松就更难出售了。他总希望有个大买主,能将白皮松一次全部买走,既省事又能按时腾出租赁地。

刘振兴为了使人了解他栽植的白皮松品质优良,在田王村租了一辆客货两用车,商定好按里程计算车费。他亲自在白皮松苗圃地中挑了一棵标准树,用草绳缠牢根部装在塑料袋中,根据已收集的信息,开始往各地送样品树,并考察购买白皮松树单位的经济实力和信用度。

清明节过后,他从山东青岛,经河南,到甘肃,沿着黄河流域驱车一万多千米考察。后又在陕西境内北到铜川,南到汉中,东到潼关,西到宝鸡考察,前后用去了三个月时间,回基地几次换样品树,最终签了几家意向书。客户都说到他的白皮松基地考察后,再正式签订合同。三个月的考察花去了他三万多元,还欠了客货两用车司机五千元。

司机找他要车费,他都是以"再过几天你再来"推托。为了使白皮松能卖个好价钱，三个月的考察、住宿、吃饭、请客已花光了他剩余的积蓄。五千元在他眼里不算多，他总认为是熟人，迟早给了就行。

客货两用车司机平时的费用日清月结惯了，为此事跑了好几次，加上有好几次刘振兴回辋川乡参加乡政府召开的村主任会，客货两用车司机找不到他，还以为他故意赖账，有点生气了，将车开到了松树沟刘振兴的家里去要钱。

这天刘振兴刚好去乡上开会，没在家。刘振兴的父亲见一辆客货两用车停在自家门口，便出门问客货两用车司机："你找谁？"

"这是刘振兴老板的家吗？"客货两用车司机打听。

刘振兴的父亲说："是刘振兴家，你找他有啥事？"

客货两用车司机想起自己跑了几次冤枉路，没好气地说："啥狗屁老板，欠我五千元，和骗子有啥区别。"被松树沟男女老少尊重的刘振兴的父亲，半天没说出话，这是他头一次听人说自己儿子不好，没好气地说："谁欠你钱你向谁要去，我不管你的闲事。"

刘振兴此时刚从乡政府开会回来准备进家门，与司机碰了个正着，走到客货两用车司机跟前说："不就是五千元吗，还跑到家门口来讨债。"

客货两用车司机也不留情："五千元你看不上，我还用它过活呢。"

刘振兴再没理睬客货两用车司机，回家向媳妇要了五千元，结了欠款。

刘振兴父亲追问儿子是怎么回事。他说是帮别人借的，搪塞过去了。

深秋，灞河两岸笔直的树干上，黄叶如绸，红叶似火。举目西望，白鹿原畔层林尽染，金菊片片赛绣毯，柿子像小红灯笼挂树间。灞河上空鸶鸶盘旋，西风吹过，灞河湿地芦草翻浪，唯有白皮松林如绿海一般。

吃过午饭，刘振兴站在他的白皮松苗圃地旁，远瞧近看，只觉得他栽种的白皮松是深秋中最引人注目的景色。看着费尽心血栽植的白皮松，想起租赁地也只有三月有余了，不免心中有点焦急。

刘振兴刚走进看护房想休息片刻，只听一阵车鸣，一辆白色小车停在看护房门口。他走出门，正好与从小车内走下的人相遇。

两人相见，拉手互相问好。来人是宝鸡市绿化公司王经理。刘振兴去过宝鸡市绿化公司，那天他将一棵白皮松树样品送给王经理，请他帮忙推销。王经理满口答应。刘振兴又了解到宝鸡市绿化公司实力雄厚，业务面广，是宝鸡市著名的私营企业。

王经理直接走进白皮松树林中，看着棵棵绿得发光、形如塔伞的白皮松树说："这是我跑遍全国看到的最好的白皮松苗圃地，每棵都在我要的标准内，请刘总开个价。"

刘振兴心里一阵窃喜，脱口而出："白皮松这几年都是按米卖，3米以上好的白皮松每米150元。我的白皮松都在3米以上，就按3米计算，每棵450元。"王经理伸开右手，在空中划了个弧形说："这些树苗我全要，按300元一棵计算，一次结清树款。"

王经理这次来买白皮松是给西宝高速路上绿化用的。他的公司承包了高速路绿化工程。西宝高速公路拓宽验收在即，要求年底绿化结束，而且要常绿树种，树高不能低于3米，这些树苗正好符合要求。

刘振兴拿出计算器算了算，五十亩地有两万多棵白皮松，按每棵300元计算，就是六百多万元。他还想让价格再高点，但拗不过王经理一口价的强硬态度。

刘振兴怕失去千载难逢的买主，思量了半天，最后敲定就按王经理给出的树价出售。

两人拟了很简单的合同，王经理又交了一千元的订金，说好三日后开始拉树苗。

刘振兴这次不敢马虎，在田王村里雇了10多个经常挖树的村民，又去灞桥劳动力市场请了40名务工人员，给大家讲了挖树的方法和包装的标准，开始了长达一月有余的起挖白皮松树苗的劳动。

五十亩地里的白皮松被全部拉走的那天，王经理给了他一张中国建设银行的支票，可在中国建设银行蓝田支行通兑通取。

第二天刘振兴在蓝田县相关银行办了一笔转账买汽车的业务，去西安车市买了小轿车。

他驾车向田王村开去，到田王村村主任家准备感谢五年来村主任对他的支持。刚进村口，正碰上原来那个客货两用车司机准备出村，两车相遇了。村口路较窄，只够一车通过，两人互相摁喇叭通知对方。客货两用车司机见是一辆崭新的车，怕惹麻烦，只得倒后让路。

刘振兴开着车到了客货两用车司机驾驶室旁，招手向客货两用车司机致谢。

客货两用车司机侧脸一望，见是被他追赶着到家里要钱的刘老板。霎时，不知是羡慕还是嫉妒，脸红一块、紫一块，半天愣在驾驶室里嘴张了又张，没说出一个字。

刘振兴驾车到乡政府开会，将车停在辋川乡政府院中高大的白皮松树下。

参加会议的各村村主任将刘振兴和他的车围了个水泄不通，有的鼓掌,有的询问。

又一阵鼓掌声响起。

刘振兴这位致富带头人,在县林业局的推荐下,被辋川乡全体白皮松经营户选举为蓝田县白皮松推广协会会长。他热心为林农服务,成了蓝田的大名人。

辋川乡松树坪村村民李生才,起初也是随村民一起栽种白皮松。栽种白皮松的村民多了,出售树苗时只能是等客上门。如果无客上门求购,只能让白皮松树苗继续在地里长着。

李生才的白皮松树苗长得已有一人多高,但还是没人要,看着别人大把大把地往回挣钱,心里别提多羡慕了。他想起了在省林业厅工作的高中同学贺哲忠,想看他有什么渠道,能否帮忙将苗圃里的白皮松卖掉。

贺哲忠是西北农林科技大学毕业的大学生,毕业后被分配到陕西省林业厅病虫害防治管理处工作。李生才找到贺哲忠,给他带了些辋川的特产核桃和板栗,告诉他想请他帮助出售白皮松。

贺哲忠说:"帮助农民出售白皮松树苗是我的工作,自然责无旁贷。"

李生才见老同学热情答应,如实地告诉了贺哲忠辋川白皮松销售的情况。一些住在偏僻山沟的村民,由于信息不通,白皮松长到三四米了还没有出售出去。

贺哲忠听后高兴地拍着大腿说:"我正发愁没有大量的白皮松

树苗呢。山东省林业厅需要给旅游景点和城市绿化中选用白皮松，需求量较大。你回家组织货源，我通知山东省林业厅拉树苗。"

李生才回家后将情况告诉了村主任，村主任又将此情况汇报给辋川乡政府。经乡党委和政府领导共同研究决定，成立辋川乡白皮松销售合作社，社长由李生才担任。

在乡政府的高度重视下，辋川乡白皮松销售合作社成立并召开了代表大会，通过了合作社章程、制度，确定了经营方式等，并在工商部门办理了辋川乡白皮松销售合作社营业执照。

辋川乡白皮松销售合作社的成立，解决了偏僻村子白皮松树苗销售难的问题。

山东省林业厅拉运白皮松树苗时，李生才向各社员讲了出售白皮松的标准和价格。李生才一棵树一棵树进行严格验收，稍不合格的树苗都退给相应的种植户。

只要白皮松树苗验收合格，李生才让出纳照原先讲好的树价，按数一次付清树款，社员乐得直夸合作社好。

白皮松树苗的出售为合作社挣得第一桶金，净利润30万元，既解决了群众卖出难的问题，又给合作社带来了丰厚的利润，解决了合作社今后运营的资金周转问题。

在省林业厅的支持下，辋川乡白皮松销售合作社建立了自己的网络平台，并与省林业厅信息中心联网，畅通了林农的白皮松树苗销售渠道。

数年下来，李生才已积攒了不少资金。

李生才有一女一子，女儿叫李月，儿子叫李星。儿子正在西安上大学，女儿高中毕业后在西安一家超市打工，妻子一人料理家务，日子早已

步入了小康。

李月在西安一家超市打工，和西安市青年赵杰在一个柜台上班，两人年龄相仿，日久生情，就谈起了恋爱。

李月告诉赵杰："我家是在蓝田农村山里，父亲做点小生意，你拿定主意，并告诉你家里人，再决定咱俩的婚事。"赵杰点头，表示同意。

李月长得苗条、白净、五官端正，说话很有分寸，干活手脚麻利，与超市其他员工关系很融洽。因读过高中，故能与外宾简单用英语对话。赵杰虽生在城里，但从小被母亲溺爱，不好好读书，虽是高中毕业，实际是个空壳，在学校走了个过场，考试全靠抄别人，才勉强混了个高中文凭。父亲是街道办事处公务员，托人给他找了工作。那个年代，每个单位招工都得考试，他都因文化考试未能通过而落选。只有去超市招工不进行文化课考试，所以他只得在超市打工。

"高山出俊样"，赵杰初见李月，就被李月的长相和言谈举止深深吸引了，自愧不如，心想自己虽不是帅哥，但也算城中干部子弟。乡下女嫁城里男也算是高攀，所以有事没事都找李月，总想把李月软磨硬泡弄到手。听了李月要他征求家人意见，自然喜出望外。

赵杰请带班的孙姨当媒人。孙姨明知自己是形式上的月老，也不推辞，与两家人沟通，确定两人婚事。因李月是乡下人，户口难办，他们就先举行了结婚仪式，想着以后再想办法办理转户手续。

结婚那天，赵杰为了显威风，从婚车出租公司租了30辆丰田车，全部黑色，浩浩荡荡地开到蓝田辋川松树坪村，让山里人饱了眼福。

在山里，一直保留着"富娶妻，穷嫁女"的传统。谁家再有钱，嫁女也只是待好本家客人和村中送礼的人，像平常待客一样，不搭棚、不贴喜联。赵杰以为李月家穷，所以待客有点寒碜。

　　李月结婚前五天，李生才因受省林业厅贺哲忠处长相邀，一同去云南昆明参加世界园艺博览会。原计划到女儿结婚前那一天赶回来，却因有份购买白皮松树苗合同要签订一时不能赶回来，于是给妻子打了电话，望亲朋和女儿谅解。因此，直到女儿和赵杰结婚，李生才也未与女婿见过一面。他在外边跑得多，眼界宽，与妻子商量，只要女儿同意他们就同意，现在已经是文明社会了，婚姻完全由女儿做主。

　　待李生才坐飞机从昆明赶回，已是女儿女婿回门后的第二天了，又错过了一次与女婿相见的机会。

　　李生才女儿结婚半月之后的一天，从西安高新开发区来了一位购买不低于四米的白皮松的客商，说好了必须当天下午将树苗运到西安高新区西区园林管理处。

　　时值年初正月末，天气乍暖还寒，山区地表还有薄薄的冰层，移装白皮松树十分费力，因为树大根大，要比小松树苗坑挖得大且深，才能保证白皮松树的成活率。为了尽量移好白皮松树苗，李生才穿起蓝色劳保服，将皮鞋换成黄胶鞋，带头和合作社社员一起挖白皮松树苗。一直挖到下午两点，装了满满一东风大卡车，才算满足了客户所需。

　　买白皮松的客商，请李生才一块坐在驾驶室到高新区结账。李生才见已到下午，也没有换劳保服和黄胶鞋，与客商坐在驾驶室里聊了一路，直到下午四点才到西安高新区，结了账，将30万元装在随手带的麻袋里。眼看天黑，想就近找个旅店住宿，明天再乘公交车回蓝田。

　　说起李生才用麻袋装钱，那还有一段故事。

　　在辋川乡白皮松销售合作社成立的那年腊月底，李生才去河南三门峡市一家绿化公司结白皮松款。因为到了年关，合作社的社员都需用钱。三门峡市那家绿化公司按照李生才的要求付了现金，可是怎样将这15万元现金安全带回家，李生才却犯了愁。他忽然瞧见自己来时给绿化公司捎白皮松种子的麻袋，顺手拾起麻袋，将15万元装在麻袋里，从绿化公司放在墙边的旧报纸堆取了几张旧报纸，塞在麻袋口。他一手提起麻袋，往身后一背，搭了三门峡市到西安的火车。他买的是硬座票，上车后将装钱的麻袋放在座位下边，自己靠在座背上，听着火车有节奏的声音，加上疲劳多日，很快进入梦乡。

一觉醒来，火车已到西安站。走出西安火车站，他见人流如梭，旅客挎包携箱，急匆匆赶路。猛然想起自己将装钱的麻袋忘在火车里，头上直冒汗。他一阵疾跑，幸好本趟列车终点站就在西安，他找到自己乘坐的那节车厢，一步跨进了车门。

列车里已空无一人，他心想这下完了，15万元已被别人带走。走到刚才的座位边，座椅下已不见了麻袋。他顿时像一摊软泥坐在列车地板上，脸上的汗不断往下滴，只听到自己心脏"扑通、扑通"的急跳声。

一位打扫卫生的女列车员，从另一节车厢走来，见有位乘客坐在车厢地板上，以为他得了病，忙用手拉他，却不见有丝毫动静。

李生才见是打扫车厢的女列车员，抬头急问："同志，你见过这座位下的麻袋么？"

女列车服务员生气地说："谁将装废纸的烂麻袋放在座位下？我打扫卫生时将它放在这节车厢卫生间里的垃圾桶了。"

李生才听说麻袋还在，忽地站起，疾步走到女列车员所说的卫生间，推门便看见麻袋被扔在垃圾桶上面，伸手往麻袋里一摸，硬邦邦的钱捆还在,取出数了几遍,15万元分文未少。

自此,凡是到购买白皮松树苗的单位提现金,李生才就拿上这个麻袋。将钱装在麻袋底,上边放点废纸或烂菜叶,大大方方地放在车的空地上,绝对是安全的。

李生才背着用麻袋装的30万元白皮松树款,沿着西开发区大道的人行道往东走,到了一座高楼前不经意间抬头,望见楼顶"荷花园"三个红色大字在落日的余晖下放着红光,与满天晚霞交织在一起,显得扑朔迷离。

"荷花园",他似乎在哪里见过。仔细想了一会儿,是女儿在电话中告诉他自己在西安新家的地址。

妻子去过女儿家,也曾告诉过李生才女儿在西安新家的详细地址。

李生才喜从心起,女儿已结婚,他却还未到过女儿新家,女婿啥模样他也没见过。今日刚好从门前路过,顺便在女儿家住一晚,明早再返回。

李生才乘电梯到了女儿新家门口,正准备按响门铃时,可能因赶路太紧急,忽觉肚痛,他便将麻袋放在女儿家门口的地板上,自己则坐在麻袋上面休息了片刻。

稍作休息,不再肚痛,他起身按响门铃。

过了一会儿,门被打开,从屋里走出一位胖胖的中年妇女,衣着讲究,穿着拖鞋,嘴里叼着香烟,眯起眼睛瞧了一眼李生才。

中年妇女见门口坐着一位貌似乞讨的人，很厌倦地说："穷要饭的，还按门铃。去！去！去！到楼下食堂吃剩菜剩饭去，小心把我的门口弄脏了！"

还未等李生才问话，中年妇女便走进屋里，将门随手"嘡"的一声关了。

李生才被奚落了一番，心想那中年妇女可能是女儿的婆婆，不知不为怪，我向她说明身份，她就不会将我拒之门外了。

李生才又一次按响了门铃。

开门的是李生才的女婿赵杰。李生才怕误会，便抢先说："这是李月家吗？"

赵杰见李生才一副寒酸相，也不多回答，只说了句："要饭的还创新，跑到家属楼里来了，快滚！快滚！"又是转身拉门，将未见过面的岳父李生才依旧关在门外。

李生才一肚子怒火燃烧起来，只觉得脸上一阵阵发烧，心想女儿怎能嫁给这种人家，瞧不起穷人和乡下人。也想可能是自己跑错了门，于是从电梯下楼向小区大门外走去。

李生才气冲冲地走到门口，遇见了下班的女儿正推着电动车往院里走。女儿见是父亲，惊讶地说："爸，啥时来的，快到家里坐。"一边说一边从父亲手中接了麻袋，放在电动车的筐里。

父亲对着女儿说："你家是不是××楼×单元？"

女儿见父亲满脸怒气，只轻轻地说了个"嗯"。

李生才听女儿说完后，不由分说拉起女儿的手直往外走。

到了门卫房前，李月将电动车放在门口，提起麻袋追上父亲问："啥事把你气成这样？"

父亲告诉了李月刚才发生的事情。

李月听后气得两眼直瞪，拿出手机大声呼赵杰立即下楼。

赵杰听妻子李月语气不像平日，声调很高，不知发生了啥事，急忙下得楼来。他老远便望见李月和刚才被他骂走的"讨饭人"在一起。

李月回头望见赵杰，向他招手。赵杰一阵小跑来到李月面前，还未站稳，便被李月狠狠地扇了个耳光。

赵杰脸上一阵热辣辣的疼痛，用右手捂着被打的脸庞，莫名其妙地问："我咋啦？竟然这样打我。"

李月指着李生才气愤地说："赵杰，这是咱爸！你们娘儿俩狗眼看人低，看他穿得烂，以为他是要饭的。要饭的也是人，也是有人格和尊严的。你和你妈怕我爸进了屋，脏了你的三室一厅，瞧不起乡下人。"

赵杰被李月一顿呵斥，不停地道歉，请求原谅，又争辩："你说咱爸是做生意的，咋能是这模样？"

"模样咋了，劳动者难道穿上绸缎就是有模有样了？"李月仍不依不饶。

李生才走到李月跟前，从女儿手中拿了麻袋说："走，咱回家，和这样的人在一起有什么意思。"

赵杰见岳父拉着李月往外走去，愣在原地半天才明白了岳父说的话，是让李月和他离婚。

赵杰情急，跑上前去拉李月回家。李月头也不回地跟着父亲消失在灯光里。

当晚,李生才和女儿住在一家宾馆。当父亲从麻袋里取钱交住宿费时,李月才知道父亲随身带的麻袋里装的全是整沓沓的钱。

李月小心翼翼地对父亲说:"你进城好歹也穿得干净些,无怪赵杰母子俩瞧不起你。"

李生才不紧不慢地说:"我从早晨起来和社员一起移白皮松,又是装车,又是提款,哪有时间换衣服,这是常事。赵杰和他妈的为人处世,今天恰好试了出来,这样的人家是靠不住的。"

赵杰自觉做事有些不妥,事已至此,只得请当时的介绍人孙姨去李月家说情。

孙姨听赵杰说了闹离婚的原因,先骂了赵杰一顿。经不起赵杰再三恳求,答应去一次辋川李月家里说情。

自李生才被亲家母子二人羞辱后,决心在西安城给女儿和儿子买房子,心想今生也当回城里人,不要让城里人瞧不起咱农民。乡下人住惯了平出平进的房子,城里的商品房都是高楼大厦,面积再大,也是楼上楼下。跑了许多地方,最后给儿女在西安各买了一套三间两层的别墅。

孙姨到李月家的时候,恰逢李生才交钱买完房刚回到家。孙姨知道李生才同时买了两套别墅后,仔细看了看李生才,直惊得张口结舌:"你……你……你是个大财主。"

李生才微微一笑:"政策好,白皮松成了宝,我是白皮松合作社的社长,几年辛苦下来是有些钱,像我这样的林户,辋川不下数十家。"

孙姨趁李生才招待她吃午饭时,提起了李月和赵杰的事情。

李生才一口回绝:"这家母子俩都是势利眼,咱山里娃配不上人家城里干部家属,分就分了吧,省得娃以后在他们家受委屈。"

无奈,孙姨只好带了李生才送给她的满满两袋核桃和木耳,回到超市告诉了赵杰他岳父李生才的态度。

　　赵杰听后很失望,但心里总是抱着一丝幻想,一直盼着李月来柜台上班。一日,李月来找赵杰。赵杰以为李月会回心转意,兴冲冲地跑到李月跟前。还未等他开口,李月说:"咱们离婚吧。"赵杰甜言蜜语地讨好李月,可李月态度强硬,无奈之下两人还是离了婚。赵杰母子二人非常懊悔不该看不起乡下农民,但悔之晚矣。

　　女儿李月之事使李生才明白了当地人说的话——人是衣裳马是鞍,出门不要太寒酸。此后,他花了近万元在西安大超市买了一身西装,名牌皮鞋,一副墨色水晶石眼镜。每逢代表合作社谈生意,他都穿戴整齐,真像个大老板。

　　李生才在西安给儿女买商品房的消息,不久传遍了整个辋川的大小村子。自此,农民在城里有房子,已成为辋川村民追求的目标。

　　辋川乡凡从事白皮松树苗行业在10年以上的林户,都在城里有房,有的甚至有多套房子。有在大城市西安购买商品房的,最差的也在蓝田县城有套商品房。

　　辋川苜蓿沟村也响应镇政府的号召大念白皮松经。昔日贫穷得连喝糊汤(玉米糁)都艰难的农民,如今变成了新时代进城居住的新型城市居民。全行政村203户村民,70%的村民搬进了西安或蓝田县城,全靠白皮松富了起来。正如流行在当地的民谣:"昔日山穷水又恶,吃野菜,喝糊汤,四十光棍没老婆。白皮松经钱袋鼓,超过改革初期万元户。十万是起步,百万不算富,千万元的好多户。"

　　辋川白皮松产业不但富了辋川山里人,而且使他们跟上了国家城市化的步伐,实现了世代辋川人成为城里人的梦想!他们已经适应了城市生活,融入了城市。去年春节,一位在蓝田县城居住的辋川青年人,回想起昔日农村过年的热闹景象,买了许多鞭炮,带着春联,开着小车兴冲冲地回辋川老家过年。腊月三十晚上到家,村里冷冷清清的,丝毫没有过年的气氛。他在村里转了一圈,发现只有几户在城里没房的人家在村里过年。经打听,凡在城里有房的人都没回老家。这位青年开了自家的门,屋里冷得他直打哆嗦,只好将对联在门上贴好,放了鞭炮,开车又回县城过年去了。第二天大年初一,熟人见辋川这位青年在大街上游玩,问他怎么又回县城过年了?他笑着说:"还是城里好,屋里有暖气,舒舒服服过新年。"昔日的辋川山里人,如今已适应了城市的现代生活。

走上小康的辋川林农,在社会发展的大潮中,科教兴国的国家战略下,紧跟时代的步伐,非常重视下一代的教育。

当地人深受没有文化的困扰,因而现在让孩子从小接受良好的教育,这是每个辋川人的梦想。为了实现这个梦想,许多林农已将孩子转入县城或西安市读书,这已成为辋川当地的风气。再穷不能穷孩子,经济提升后首先保证孩子的读书所需,这是辋川人的祖训,今日才得以实现。

为了使孩子受到和城里孩子同等的教育,许多林农在孩子读书的学校附近买房。苍天不负林农心。近年,辋川不少学生考进了名牌大学,结束了过去山里从未有孩子上过大学的历史。

让孩子进城读书或到师资充足的学校读书,已经成为辋川林农富裕后的新潮流,导致了过去扫盲式的教学点难以为继。县教育局顺应形势,撤点并校,加强乡中心小学办学质量,保证了个别还不能进城读书孩子所需。"辋川效应"已使蓝田县城里的小学每个班达到七八十名学生，师资难以承受。面对新形势下教育出现的新问题，县政府决定在灞河新区再建一所小学和一所初中，解决日益增多的进城读书的孩子的需要。

辋川的林农紧随着时代的铿锵步伐，已成为新时代中国农民的榜样。感受辋川今昔的巨大变化，感慨万千，作《辋川感怀诗》一首：

辋水七拐八面行，

辋人世代梦富翁。

寻求百条脱贫计，

千辛万苦成泡影。

青山绿水今犹在，

村落人人念树经。

青山变成金银山，

取之不竭政策颂。

第七章

一树一金

　　房地产产业是支撑地方经济发展的重要支柱产业之一。为了房产能高价出售，房产商变着法子扩大宣传，修个水潭就起名叫"天鹅湖"小区、"洞庭湖岸"，有的干脆就叫个好名字，如"紫薇园""桃花村"等。其实出售的楼前后左右，连一棵紫薇树和桃树也没有。

　　浐灞开发区有一名为"松树湾"的小区。

　　夏末一日午后，"松树湾"小区的开发商张荷香女士正坐在楼下门厅乘凉，一位看房的顾客走到她的跟前问："请问这是松树湾小区吗？"

　　荷香见是一位中年男子问话，随即答道："这就是松树湾。你是来看房子的？"

　　中年男子"嗯"了一声，算作回答。

　　荷香指着门厅的东边说："售楼部在那，你去咨询一下。"

　　"还咨询呢，明明是瞎说，叫作松树湾小区？松树在哪？我望了半天，也没见一棵松树，还叫什么松树湾？灞水湾，还说得过去。"中年男子似有怨气地说着。

　　张荷香听中年男子说有湾无松，名不副实，心中一震。他说得对，要有棵像模像样的松树栽植在这湾口，人们老远就能望见松树，又有一湾水,这才能成为名副其实的"松树湾"。

晚上,张荷香召集所有股东,研究解决如何提高信誉,加强广告宣传,促进房产销售问题。

到会的五位股东,针对张荷香提出的议题做了发言,无非是一些常用做法。待大家发言结束,张荷香将自己上午听到中年男子所说的话后受到的启发讲出来,说准备掏大价钱买一棵松树栽在河湾岸上,打造真正的松树湾小区。大家一致赞同。

第二天一早,张荷香让司机开着车准备沿秦岭北麓考察并选购中意的松树。

她首先想到户县的朱雀国家森林公园,让司机驱车直往朱雀国家森林公园。到了之后,将车停在绿树环绕的大门内停车场。她下车后在停车场周围转了转,见到处都是松树,但大都是些初植的幼松,没有一棵能入她的眼。

张荷香到门口售票处打听得知,朱雀公园的瀑布岩旁有棵飞龙松。

张荷香听后,也顾不上叫司机,一人兴冲冲地沿着上山小道去找飞龙松。

尽管夏末已无暑气,但爬坡、穿林、登台阶,又是快步行走,直累得已到中年的张荷香汗流浃背。

终于,张荷香看到一股清流从四五十米高的岩壁流下,瀑布水流声不甚大,但由于山风吹来,瀑布被吹得如一条白绸在空中左右舞动,水珠小得似雾珠飘在游人脸上,凉凉的。一堆游人坐在瀑布对面的树林里,观赏着长空银练。张荷香无心赏景,经询问游人,了解到在不远处拐弯的地方就是飞龙松景观。

张荷香紧走几步站在小路拐弯处,见有棵脸盆粗的松树,从脚下小

第
七
章

一
树
一
金

路旁的岩石上伸出躯干,弯来扭去伸向空中,四枝侧干确实像龙爪在空中舞动,树冠像龙头在山风的吹拂下摇头晃脑。张荷香看着竖在地上的飞龙松介绍牌,心想,此松只能在此地才显珍贵,移植到松树湾那平坦的地上就没了气势;再者,这树必然是景区不卖之物。于是下山叫了司机驱车回家。

经几天询查,张荷香得知长安与蓝田交界处的一个山村有棵凤舞松。

凤舞松对张荷香有很大的吸引力,一天早晨,她独自驾着车前往凤舞松所在的山村。张荷香沿着环山公路缓行,一边开车,一边欣赏着沿途的风景。

环山公路两旁笔直冲天的杨树上已是黄叶点缀,柳树长长的垂枝如帘,栾树下的落花如金子般洒落地上,紧紧偎依在路边的矮小的红叶树告诉人们秋之将至。张荷香触景生情,一时诗兴大发,顺口吟出了一首诗:"秦岭如黛似巨涛,山村浪中赛舟忙。商贾忙不知时节,一片黄叶知时光。"她心中盘算,趁秋季这一植树的黄金时期,一定要圆这棵松树梦。她下意识地加大汽车油门,小车即刻提速飞奔起来,公路两旁的树木、村落向车后急速隐退。

汽车到了秦岭下的村道,又恢复了初时的速度。西安到安康的铁路高架空中,一列火车快速驶过。张荷香听说凤舞松在西康铁路的右边,她一边开车一边寻找着目的地的标志性建筑。忽然间,她抬头看见一尊骆驼石雕像立在环山路右侧,意识到这里正是进山村的必经之地。

荷香将汽车速度减慢,斜顺着骆驼岭村的村道前行。过了骆驼岭,已到秦岭脚下,又顺路钻山进沟,拐过一个大弯,一小块山中盆地便展现在眼前。

小盆地是一块平坦的稻田。沉甸甸的稻穗开始泛黄,散发着诱人的

神奇
白皮松

SHENQI
BAIPISONG

稻香。稻田四周的山坡上,散落着红瓦白墙的农家。村道是一条环形水泥路,将各家连在一起。张荷香被这桃花源般的环境吸引,下车后站在路上,环视了一圈人间美景。又驾车顺着环形村道转了一圈,回到原来停车的地方。恰好,一位背着装满青皮核桃背篓的老头从她的车旁经过,张荷香顺手在衣袋里掏了盒烟,从中抽出一支,很有礼貌地递给背背篓的老头。老头也不客气,将烟接住并叼在嘴角。

张荷香从衣袋内取出打火机,给老头点烟,并问老头:"你这村叫什么名字?"

"盆沟村。"老头只说了三个字。

张荷香听说叫盆沟村,又问了一句:"你们这村里是不是有棵凤舞松树?"

"就是一棵铁杆老松树,年轻人叫它是凤舞松,也没啥稀奇,是娃们的胡叫罢了。"老头不紧不慢地告诉张荷香。

张荷香笑着说:"老伯,能否给我带一下路。"

老头见城里这位和自己女儿年龄差不多的女人举止谦逊,又懂礼貌,说:"就在我家左边的小沟口,我前边引路,你开车跟着我。"

张荷香本想让老头坐在小车内引路,但老头的满背篓核桃没法装上车,便只能将车开得缓如小脚女人行路,紧跟在老头身后。

到了盆地边的中间,老头放下背篓,招呼张荷香下车。张荷香下车后见有条小沟通向深处,因为林木茂密遮住了山口,到了沟口跟前,才知有条进深山的小路。张荷香跟着老头走了不到 10 分钟,便见有棵高大的松树长在半坡上。

这棵松树下部主干直径有 50 多厘米,向沟内拐弯伸出上部的主干约有 5 米高,冠如鸟头,中部对称伸出碗口粗的分枝,如同双翼展在空中。西安美术学院一位教授带学生在盆沟村写生时发现了这棵松，随口说这是棵"凤舞松"。此后，一传十，十传百，凤舞松名扬学界。

张荷香转过头问紧跟在身后的老头："这棵松树能值多少钱？"

老头不屑一顾地说："不值钱，做檩不够尺码，截椽梢子又不端正，只能当柴烧。"

张荷香又问："将这棵松树移到平原地区，能活吗？"

老头不假思索地说："不好活，就算是想方设法栽活，也没了在这里的灵气，这沟、这水养着它。人常说'人挪活，树挪死'，就是这个道理。"

张荷香听老头一讲，顿时没了要买这棵松树的想法。

张荷香很客气地与老头告别，驱车出了盆沟村，从骆驼岭上环山公路，欲顺路去蓝田县城。开着开着她见路旁竖了块"白鹿原"的界碑。她顺着界碑箭头指的方向，想去久负盛名的白鹿原顺路一游。

车子顺着去白鹿原的蓝汤公路上了原。张荷香因忙于事业，还没上过白鹿原。到了原头放眼望去，平坦如砥，深翻曝晒的黄土如鱼鳞般在阳光下闪耀，长势苗壮的玉米秆上，斜伸着粗大的玉米棒。玉米地一块一块地间隔在深翻的黄土地间，农家小院整齐地散落在公路两旁。张荷香感叹，在秦岭与古城西安之间竟有块这么丰腴和美丽的原。车穿过一个叫安村的小镇，到了一个丁字路口，路牌上醒目的"西安"二字映入眼帘。张荷香轻轻向左打了方向盘，向西安方向驶去。

张荷香驾车放慢速度，不停地左右欣赏白鹿原的秋景。刚过一座公路桥，桥头上竖着一块高大醒目的招牌——"鹿原水库白鹿饭店"，张荷香感到惊奇：白鹿原上还有水库？这时已过中午，见了饭店招牌，才觉饥肠辘辘。她紧握方向盘，穿过两个村庄，下了一段坡路，见到了碧波荡漾的白鹿原水库，将车子停在路边。走下车，霎时觉得凉风习习，身上的绿色长裙呼啦啦地随风摆动，太阳挂在空中却感觉不到丝毫炎热，心想真是个避暑的好地方。她转身向西望去，见一片绿荫中飘着炊烟，心想那一定是白鹿饭店了。

张荷香独身一人顺着林荫路走到了炊烟处。这里是一个足有10亩地大的平台，像是有人住过的村子，搬迁过后留下的烂砖破瓦成堆地堆在平台边沿。用彩钢板搭成的白鹿饭店门前的露天空地上，摆满了饭桌，几乎座无虚席，青年吃客正吆五喝六地划拳行令。张荷香猛然抬头间，看见饭店后有棵松树长得已超过了饭店屋顶。

张荷香一时高兴，竟忘掉饥饿，快步绕过饭店，见是一棵高有15米多的白皮松树，胸径在30厘米左右，树干白中透绿，树皮片片如龙鳞，树冠如巨伞，枝条斜斜向上，针叶青绿、油光光地放着翡翠般的亮光。她傻了眼，这里竟隐藏着一棵如此秀美的白皮松，白皮松旁还有两棵雪松。张荷香站得老远，仔细望着这三棵松树，在心中评价它们的优劣。

两棵雪松比白皮松长得低，那倒无所谓，还可找到其他树身高大的雪松。但雪松枝干平直伸向空中，枝与枝之间有着隔离空间，这就缺少了浓郁之色。再者，雪松的枝头向下。张荷香是女中强人，喜爱的就是昂头挺胸、积极向上的品格，而白皮松正具有这种特征。

张荷香简单地点了些地方特色饭。饭间，她从服务员口中得知，松树主人就住在离饭店不远的靠土岩的那座老屋子里。

吃完饭后，张荷香走到土坯老屋前，见门半掩着，轻轻地敲了敲门，屋里传来老头低沉的声音："谁呀？进来吧！"张荷香推门而进，见一位老大爷躺在土坑上，倒脸望着进门的她。

"您好，大爷，饭店后的那棵白皮松树是你的吗？"张荷香温柔地问。

老大爷从坑上坐起，细瞧着站在地上来自城里的时髦女人，惊奇地说："我这老房，除了儿子吃饭回来，还从来没有人来过。姑娘有啥事来我这破屋？"张荷香听老大爷答非所问，知他没听清她的问话，又一次问："饭店后的那棵白皮松树是你家的吗？"

老人没有回答她，只是从炕上溜下来，站在炕前穿上放在地上的手扎麻鞋，走出门来。张荷香跟着出了门。

老人出门站在房前一棵一搂粗的古槐下。古槐被人截去半截，只有粗壮的树身在被截处长出了数枝胳膊粗的枝干，遮去了门前一半场地。

老人指着白皮松一字一板地告诉张荷香，这地方叫荆峪沟，也叫鲸鱼沟，原住着姓惠的三十多户人家。20世纪70年代，国家修鹿原水库，为了库下群众安全，采取自己搬迁和国家适当补助办法，将原村住户迁到本队原上地方。自己和儿子两人无力搬迁，就留住原地。一年秋末，自己去辋川编芦席挣工钱度日。回家时，见有一棵带着土根的白皮松幼苗被人丢在路边。他见白皮松幼苗长得精神，随手拾起，带回来栽在门前的场塄边。到第二年春天，幼苗长出了新芽，白皮松栽活了。荆峪沟有人栽过松树，但都未成活，唯独这棵白皮松活了，当时就轰动了整个村子。他已80多岁，老伴在儿子15岁时因病早亡，只剩父子俩相依为命。眼看着儿子已40岁了，却因家贫至今未结婚，而白皮松越大长得越快，一年一个样，近几年有人要买这棵白皮松，但给的价钱低，儿子不同意卖。前年来了一位南方老板，看了这棵白皮松，说这是棵风脉树，叮咛他千万别卖掉，儿子更不愿意卖掉这棵树。张荷香听了老人这段树史介绍，更加坚定了要买这棵白皮松的想法。她临行前告诉老人，让他儿子明天中午在家等着，她要和树主的儿子相商购树一事。

第二天中午，张荷香仍独自一人开着车，来到鹿原水库坝下的饭店所在地。她将车停在饭店停车场，朝着昨天去的老房子走去。

张荷香走到古槐树下，未见昨天的老人，只见从老人的房子里走出一位四十岁左右的壮年男子。她估摸是老人的儿子，待他走到跟前，张荷香递了支烟，直截了当地说："你是白皮松的主人？"

中年男子发出很粗的声音，但只有一个字"嗯"。

荷香看着中年男子用打火机点燃她给的那支烟，轻声说："你那棵树卖不卖？"

"不卖。"中年男子仍然只有两个字。

张荷香紧追不舍："为什么？"

"那是风脉树。"中年男子又是几个字一句话。

张荷香稍作沉思，直击中年男子痛处："难道你不想成家？"

中年男子愣了一下说："成不成家与这白皮松有啥关系？"

张荷香说："卖了树，有了钱，就能成家了。"

中年男子紧接着问："你能给多少钱？"

张荷香见有缝便立即插针："2万。"

这是自有买主以来，给出的最好价钱。中年男子见漂亮女老板出价不菲，随口胡抡了一句："10万元。"

张荷香听中年男子出了天价，就来了个就地还钱："4万块钱咋样？"

俩人一来一去地讨价还价，最后敲定价格为5.5万元。张荷香随手交给中年男子100元订金，算是交易谈妥。

为了确保这棵白皮松能移栽成活，张荷香请了在西北农林科技大学担任林业系教授的一位女同学现场指导移树。

张荷香选择了秋末一个天清气朗的日子，移栽白皮松。她和老同学坐在小车里在前引路，后边跟着挖掘机和大平板车。

在教授的指导下，工人用挖掘机在白皮松根部周围开了一个直径三米多的沟槽,让工人砍断裸露的侧根。挖掘机加大油门,冒着黑烟,从根部连根带土挖倒了白皮松。

侧倒的白皮松,看上去比在原地长时要显得更加高大,无怪乎人常说:"砍倒的树不卖。"

正在围观群众议论纷纷的时候,来了一辆吊车,这也是张荷香提前安排好的。

吊车司机放下四个稳定柱脚,慢慢升起吊钩。工人将白皮松从根部到树身腰部捆好钢索,轻而易举地放在了平板车上。

众目睽睽之下,张荷香将捆好的 5.5 万元人民币从手提包里取出,交给了白皮松树主人。

围观群众一阵惊愕,也不知白皮松卖了多少钱,只见一大捆百元面值的人民币被树主人抱在怀里进了自家的土坯房。

从来没有见过这么多钱的中年男子,将钱装在黄挎包里,骑着自行车到孟村镇信用社将钱存了起来才放下心来,回家后见有人问,才告知白皮松卖了 5.5 万元。

中年男子见移去白皮松后,地面留了个很大的土坑,就想将其填平种些菜,他用手推车从沟沿岸推堆放的碎砖烂瓦,整整推了三天还没填平,土坑离地面还有一尺多深。为了能够种菜,他用铁锨将坑周围的土翻下垫到瓦砾上。一铁锨下去,"咯噔"一声,铁锨头转了一下,原来是碰在一块石头上。他翻开浮土细瞧,发现是块被遗弃的旧石磨扇。荆峪沟人过去喜欢种红薯,将收获的红薯冬天储藏在地窖里,上边盖上石磨扇,既坚固又保温。中年男子放下铁锨,想让父亲帮忙撬起石磨扇。父亲听儿子一说,连鞋也不穿,一边跑一边告诉儿子:"你再往下挖,看有没有小瓷瓮。"儿子顺手拿起铁锨往石磨扇下戳了戳,见一个黑瓷瓮露了出来。

中年男子的父亲见露出了一个小黑瓷瓮，用颤抖的手指着石磨扇说："快撬起石磨扇，将黑瓷瓮抱回家。"

中年男子不知何故，父亲却激动得身子发起抖来。用铁锨将石磨扇撬起翻在土坑里，只见黑瓷瓮里面有绿泥一块，他也不再细看，按照父亲的嘱咐将小黑瓷瓮搬回土坯房，放在屋子地上。他只觉得沉重，累得大口喘着粗气。

中年男子的父亲随后进门，随手将门关了，又让儿子将小黑瓷瓮翻倒过来。儿子用力将小黑瓷瓮抱起，瓮口向下，哗啦啦一阵响声，从瓮中竟倒出一堆发绿的银圆！

中年男子一阵惊喜，呆呆地站在一旁，口中悄悄地说："发了，发了，白皮松真是风脉树，树根下有一瓮银圆。"

原来这家的老人叫惠德有，儿子叫惠持俭。祖上在民国初年是大商人，跑运输贩货物，家中养了五匹马，有五辆木轮大车，数年积下万贯家财。不知何故，突然一日，一夜之间五匹马突发不治之症死去。执掌家务的惠德有祖父第二天又买了五匹马，继续跑运输。一月后，五匹马与前五匹马一样，又突得疾病死去。惠德有祖父生性刚烈，用马鞭在村口的马王爷庙里抽起了马王爷泥塑像，边打边骂："马王爷瞎了眼，我年年给你烧香磕头，你却连夺我十条牲口，有何资格当马王爷。"第二天，又买了五匹马，结果月余之后，又重蹈覆辙，五匹马又莫名其妙地死去。惠德有祖父认为是天意，再也不买马，在家种了地。临终前将家中所剩500个银圆放在小黑瓷瓮里掩埋，留给儿孙用。谁知世事变幻，后人挖遍场面也没找到银圆，村中人都说："银子会飞，一定是飞到有财命的人家去了。"今日无意间被惠持俭挖出，真相大白。

惠德有父子二人用破布擦去银圆上的绿霉子，发现竟是500个袁大头。将每枚按100元人民币，卖给了来家收购银圆的银匠，整整卖了5万元。连同卖白皮松的5万余元，家中有了10万余元的积蓄。

那时，农村人盖三间两层小楼房花费最多不过5万元，惠持俭拆去荆峪沟内唯一的三间老房，也在村民新盖房的村东头盖了三间楼房，成了村中首座"洋楼"，引得周围村民纷纷前来参观。这时，有人给惠持俭介绍了一位三十多岁，带着一儿一女的寡妇，寡妇人品贤惠，相貌端庄，两人一见钟情，很快结了婚。孩子又随惠持俭的姓，直乐得惠持俭的父亲惠德有整天合不拢嘴，见人就说"是白皮松给我家带来幸福"。

惠持俭心里想，如果不是父亲栽的那棵白皮松出售了好价钱，又因白皮松树移栽找到祖上留下的银圆，自己到老可能还住在荆峪沟，一辈子打光棍。可见，白皮松给自己带来了财富，是家里的财神。他到西安书院门买了一幅西安美术学院一位学生画的松树图作中堂画，又请当地一位书法家给中堂画写了副对联——"白皮松财神临门，老百姓小康到家"。

张荷香从荆峪沟购植的那棵白皮松，移栽到松树湾后没有受任何影响，长得和在原地时一样。经过冬天的严寒风雪，第二年春天，白皮松的枝条顶端已开始长出新芽。每天都要看上几眼白皮松的张荷香，这时才放下心来。

新植在松树湾的白皮松，那高大的树体、似伞又像巨形蘑菇的树冠，吸引了好多人走到跟前观望，拍照留念，成为浐灞开发区一道靓丽的风景。

由于松树湾有了名副其实的松树，又有一湾灞水，松树湾小区的商品房很快销售一空。在白皮松大树聚集人气的启示下，张荷香请来西安市园林规划设计院，在以大白皮松树为中心的小广场河湾闲置地，修建了个小松园，全部栽上一人多高的白皮松。弯曲的鹅卵石小道穿插在松林之间，石凳散落在林间供人休息，这里一时成了游人休息和未婚男女谈情说爱的好去处。

到了圣诞节，张荷香让电工购买了蓝色如葡萄粒大小的装饰灯泡，用网状电线相连，将大白皮松装饰成圣诞树的样子。到了夜晚，白皮松树冠在绿和蓝的调和色下，放射着蓝绿光芒，成了浐灞开发区最引人注目的圣诞树。狂欢的青年整夜在圣诞树下的小广场上欢呼着、跳跃着，直到天亮方才离去。

在白皮松的原生地辋川，还流传着一位78岁老太婆返老还童的故事。

老太婆名叫黄松香，生在辋川甜水沟村。此村因山高有股长流水，而且此水一年四季清澈透底，清凉甘甜，故名甜水沟。甜水沟也是白皮松生长最茂盛的地方，无论在山坡、山顶，还是流水沿岸，白皮松都长得密不透风。这里的白皮松和当地村民和谐相处，整个天然白皮松林靠"飞子成林"自然繁殖。村民做饭烧柴时砍去夹在白皮松林中幼小的青冈、棠棣等杂木。砍去杂木，则留出了白皮松生长的空间，助长了白皮松的不断繁殖生长。村民只是在每年秋季背上背篓采摘白皮松的种子，这也能带来一笔可观的收入，每家少则收入数千元，多则一万余元。全是在家的老年人农闲时采摘白皮松的种子。在家的老农说："娃们进城挣大钱，在家的老汉拾零钱，白皮松是咱们的摇钱树。"

甜水沟村有三个村民小组，分住在三个坡梁上，全村百十户人家只有黄白两姓。由于白皮松长得漫山遍野，小组间和村民各家之间的路全在白皮松林荫下。不知村情的人站在沟口大路上放眼望去，只见茫茫绿色如海，只闻鸡犬鸣叫，不见村民房舍。初来甜水沟，听得淙淙泉声，鼻

白皮松林里的人家

嗅幽幽松香,便觉心旷神怡,神清气爽。城里人称这里是天然氧吧。村里高寿的人很多,一般家里老人都活到 80 岁左右,还有超过 90 岁的,个别的老人竟然活到 100 余岁。

　　黄松香 18 岁时嫁给本村姓白的一户人家的大儿子白林。白林高中毕业后被青海省一家铁矿公司招工。两年后,黄松香被转到丈夫所在单位当职工家属。

　　黄松香从山里走出去,到丈夫单位当家属,这在当时是"鲤鱼跃龙门"的事。因此,黄松香非常珍惜她的小家庭,夫妻俩恩爱互敬,生下一双儿女。她主内,丈夫主外,小日子过得甜甜蜜蜜。

　　初次到青海,黄松香有些不适应,整天觉得头晕,不敢做重体力活。每日去市场买菜、做饭、管孩子上学成了她生活的中心。日子久了,头晕病逐渐好转。转眼间 40 年过去,丈夫退休,儿子接替父亲继续在铁矿公司上班。儿子婚后又生下孙女,起名白小青,儿媳忙于在一家商场上班,孙女小青放在家里由黄松香和丈夫照顾。她对孙女百般疼爱,孙女从小学到高中上学,总是向她要钱,从未向爷爷、父母亲要过钱。其实,钱都是爷爷和父母亲给的,只是经过黄松香的手给孙女罢了。

后来,白小青考入了西安一所大学,全家人希望孙女大学毕业后能在西安工作。自孙女考入大学,黄松香心里久悬的石头落了地,她感到浑身轻松。年逾古稀的黄松香正像常人说的那样"心松了,病来了",经常感到呼吸不够顺畅,有时伴随着头晕。到医院检查,医生说是哮喘病,并说从内地来的人上了年纪,肺部生理退化,加之高原氧气稀薄,又离矿区较近,粉尘密度大,容易患上肺病和呼吸道疾病。

黄松香服用医生开的药物,初次见效,但日子久了,药效甚微,而且病情愈来愈重,以致到了大口呼吸、气喘吁吁、不能言语的程度。小青听说奶奶病危,急忙乘火车赶往青海。

在白小青已到西宁市转乘公交到铁矿公司家属区的路上,黄松香已奄奄一息。白林和儿子见黄松香到了生命垂危之际,还不见白小青回家,焦急万分,稍停一段时间,就用手摸摸黄松香的脉搏,希望能再坚持一些时间。

正摸黄松香脉搏的白林,忽然低声地说:"不行了,人走了,脉搏停止了跳动。"儿子在一旁听得真切,也匆忙用手摸母亲右手脉搏,好长时间未感到脉搏跳动,忽地放声大哭起来。

正值夏季,人的尸体不能久放,但白小青还没到家。白林告诉儿子,死者入土为安,不等白小青了,将黄松香遗体运往火葬场准备火化。

白林的亲友在火葬场给黄松香开了追悼会。会后亲友离去,火葬场职工将焚尸炉打开，只见炉里熊熊火苗在翻腾着，开始推动焚尸床，准备送入炉内。忽然间，一声尖锐的声音传来："停！"火葬场工人停止推动焚尸床，回头见一位女大学生模样的姑娘，飞奔到准备焚化的尸体旁。姑娘正是白林的孙女白小青。

白小青拦住了焚尸床，用手轻轻揭去面纱，看到奶奶慈祥的面容，想起昔日与奶奶相处的日子，不禁泪水夺眶而出。一滴眼泪恰恰滴到奶奶的上嘴唇正中，白小青伸手擦去奶奶嘴唇上自己掉下的泪珠，似乎觉得奶奶还有一丝微弱的气息，立即大喊："我奶还活着，快往家里抬！"

刚准备离去的亲友听着白小青一声惊叫，转过身来，呼啦啦地将黄松香围了起来，几位上了年纪的亲友又试着摸了摸黄松香的嘴唇，确实有一丝似有似无的微弱气息。白林叫了出租车，将黄松香拉回家观察。

白小青告诉爷爷白林，奶奶生前给她多次说："死后不要火化，将她运回老家埋葬。"白小青又劝爷爷和父亲："趁奶奶还未断气，将奶奶拉回蓝田辋川，待她死后葬在辋川甜水沟，以了却奶奶心愿。"

全家人商量后，同意白小青的意见，雇了一辆中型面包车，在车里摆了张钢丝单人床，让黄松香躺在床上，又请了一位医生，和全家人前往蓝田辋川甜水沟。

车行至兰州市郊，坐在黄松香跟前的白小青已能听出奶奶均匀的呼吸声。她兴奋地告诉家人："奶奶好多了。"家人听后备感欣慰。

汽车过了兰州后，道路更加宽畅笔直，一路疾驰，很快到了天水市。此时，家人已瞧见黄松香嘴唇开始活动，似有话说。白小青紧呼："奶奶！奶奶！"

黄松香"嗯"了一声，家人一阵欣喜。

汽车昼夜未停，继续向东疾驰。车行到陕西宝鸡市时，黄松香竟慢慢地动起了四肢。白小青将奶奶黄松香轻轻扶起,靠在自己身上。汽车驶到西安市绕城高速公路时,黄松香已和孙女白小青说起话来。

护送医生告诉白林全家:"随着海拔高度降低,气压越来越高,空气密度也越来越大,黄松香的哮喘得到缓解。"

全家人不停地点头,认为医生说得在理。

从西安到蓝田辋川只有五六十千米的路程,不到一个小时,汽车已到钟鼓寺下。看见几十年未见的家乡,黄松香兴奋异常,精神倍增,脸上也泛起了红晕,说话的音调也恢复到了以前。

汽车进入辋川,沿着蓝葛公路穿村过河,几经盘旋到了白林的老家甜水沟村。因村中水泥道路有些狭窄,车便停在村口。一行人顺着山村已硬化了的道路,在路两旁白皮松的夹道欢迎下,朝着已离开近半个世纪的老家走去。黄松香下车后由孙女白小青搀扶着,一边走,一边看着如绿海般的白皮松林,闻着久已忘却了的白皮松幽香,感觉回到了自己还是姑娘的青春岁月里。她推开孙女的手,竟然独自走了起来,喜得家人跟在身后不敢出声,看她一步一步地向着坡上的老家走去。

自白林到青海工作后,他的老家就交给侄子看管。五年前他听说房子漏水,寄钱给侄子,让他把自家的老房子修了修。

白林一家走进自家的房子,激动得难以自抑,泪水扑簌而下。黄松香没了丝毫哮喘的症状,让司机搬下随身带的生活用品,开始和孙女张罗着给司机和医生做饭。

饭间,黄松香提出不再去青海居住,就在老家安度晚年。白林也同意老伴的意见,就让儿子和儿媳与医生乘车返回青海。

白林和老伴黄松香住在老家,耳畔没了矿山机器、汽车和人群嘈杂的声音,白天和村中老人坐在一起打牌、拉家常,有时在白皮松林中转悠。听着山里鸟儿的婉转鸣叫,老两口觉得好像过上了神仙般的日子。上大学的孙女每逢周末便回家看望二老,更让他们感到亲情的温暖。有一次,孙女回家告诉奶奶喝松针茶可缓解哮喘病。黄松香按孙女说的方法,每天从村前屋后的白皮松树上摘把松针,用清水冲净,然后当作茶叶泡水喝。

甜水沟漫山遍野都是白皮松,浩瀚如海,取之不尽,又不要钱,因此,黄松香坚持每日饮水必泡松针。

在黄松香的影响下,一开始说黄松香胡折腾的白林,也学起老伴饮起了白皮松针叶茶。如今,老两口已九十余岁,仍住在甜水沟白皮松林的老房子里。

白皮松全身是宝,浑身如金,被应用在工业、绿化中,具有广阔的发展前景。下面以一首自由诗,赞美白皮松的经济价值。

白皮松赞

在那高高的悬崖石缝中,

在那丛林茂密,

万物竞争的环境里,

在村民的房前屋后,

高速路旁,城市小区,

有株株似美人的树。

绿葱葱的树冠,

像舞女扭动的腰肢,

旋转起飘扬的绿裙。

白如涂粉的枝干，

是女模特洁白如玉的皮肤，

它有一个俗雅共赏的美名：

白皮松！

啊，白皮松！

秀美的身姿，

生机勃勃的倩影，

是守护一方，

防霾净化空气的前沿哨兵。

人们乐道其美丽妍容，

岂知全身是宝。

从数不清刺向空中的翠叶绿针，

到深藏地下大小的根，

价值与黄金克重同等。

栋梁之材唯是举，

工业制品受推荐。

生物活性数十种，

一枝一叶总关情。

药用价值前路广。

如今，

在这科技突飞猛进的时代，

专家揭示了修道成仙的秘径。

白皮松树下，

静卧着同天地共在的寿星！

盛世藏宝，

盛世惜珍。

松中骄子白皮松，

在新时代、新征程中，

在共同奔小康的路上，

已成为人见人爱的新宠！

第八章

再启航帆

临江仙·松圃苗壮

滚滚碧波接天际,浪里时现银鱼。不见渔翁独钓舟,海岸一茅庐,观海人独居。

四十载风雨沐新,改革政策指引。十五万亩唯圃林,是海亦非海,白皮松染锦。

蓝田县白皮松产业之所以得到空前发展,主要源于县委、县政府和林业部门的大力支持和推动。

1978 年底,党的十一届三中全会召开,吹响了改革开放的号角。

白皮松被人们栽植在花盆中以供观赏,摆放在大雅之堂,成为文化人的喜爱之物。

"文化大革命"后,蓝田县林业科技人员在对蓝田林业资源调查时发现,蓝田地区白皮松天然林达到 10000 余亩,相对集中且面积较大的白皮松天然林分布在辋川的半山腰,这在全国也是少有的。县林业部门立即制定了《保护白皮松天然林的决定》,禁止居住在白皮松天然林周围的群众随意进林区放羊、放牛,并对破坏白皮松天然林和造成白皮松天然林火灾的肇事者严肃处理,使白皮松林得到保护。蓝田县政府又下发了《封山育林的通知》,对山区林业包括白皮松天然林进行封山保护,严禁个人私自进入林区,使被破坏的白皮松天然林得以休养生息。

20 世纪 80 年代初,县委、县政府决定对荒山实行飞播造林,对飞播区实行封山育林。飞播的饱满成熟的种子大都出自辋川的白皮松,经飞机飞播撒在悬崖峭壁缝中。第二年秋季,一株株白皮松幼苗便从草丛中露出,出芽率竟在 80% 以上。由于飞播区实行封山,白皮松幼苗得到保护,经自然生长,数年之后成了白皮松林。

为了使林农自觉地保护白皮松,县林业局坚持每年至少一次,在山区乡镇对林农进行技术培训,并组织乡镇的林技干部在西北农林科技大学进行专业知识学习,使这些人了解并掌握白皮松生长的习性、育苗、防灾知识,能够解决白皮松生长中遇到的技术问题。

为了防止白皮松苗木受到破坏,林业局成立林业派出所,在山区的路口设立检查站。对按林业计划经过检疫且符合出售标准的白皮松,准许出境销售。实行销售缴纳育林基金,保障白皮松林的再发展。

蓝田县委、县政府、县土地局、县林业局面对方兴未艾的白皮松市场,实行土地流转政策,鼓励农民调整传统的农业产业结构。

在调整农业产业结构中,辋川当地农民根据市场需求,将全部的土地种植白皮松,获得了很好的经济效益。此举受到当地政府和林业部门的支持。

思想大解放,产业必兴旺。

辋川人在政府的领导下,大胆走出世代居住的狭小地带,在山外寻找可栽植白皮松的苗木地。刚开始是极个别多年从事白皮松种植且已有资金的青年人,在白鹿原较为偏僻的荆峪沟岸、前卫镇东沟坡地带租地种白皮松。这些地方承租费较低,但交通不甚发达,对白皮松销售有一定的影响。

21世纪初,邻近蓝田县前卫镇的良种繁育场,因农村土地承包,生产已难以为继。后来农场进行改革,实行多种经营方式。蓝田县前卫农场在原有的100亩土地上,采取承包形式栽植白皮松。原有的深井水利设施解决了白皮松树苗久旱缺雨需要灌溉的问题。100亩平地上的白皮松幼苗长势喜人,人见人夸,惹得每逢前卫镇集日,赶集的人都驻足围观。

航拍白鹿原白皮松繁育示范基地

辋川白皮松基地

　　前卫良种繁育场地上的白皮松长势良好，很快传到辋川林农耳里。有了积蓄的林农纷纷上白鹿原租地种植白皮松，得到当地党委、政府的支持。

　　在白鹿原租地种白皮松的林农和被租用土地的户主协商，订了一条租地原则：每亩地以1000斤小麦的价格作为一年租赁费，一般是参考上涨后的小麦价，一订多年，5年不变。最长可达10年期限，一次付清租赁费。这种每亩地按1000斤小麦当年价格计算的租赁土地原则，成为白鹿原租赁土地双方约定俗成的原则。

　　被租土地户主，每年不用参加农活劳动，净得每亩地千

元收入。如果自己种地,除种子、化肥、除草、收割等成本外,每亩只有不到 500 元的收入。有了每亩千元的收入,到市场买面、买粮都更划算。由于苗木地离西安县城很近,也给租土地种白皮松的林农或投资白皮松产业的专业户节省了运费。此外,大片苗木地只需一人的管理费,且白皮松苗木在白鹿原长得快,长速 1 年可顶山里 5 年。承租两方双赢,何乐而不为? 久而久之,这里自然形成了白鹿原白皮松繁育示范基地。

在蓝田县委、县政府的引导下,岭区、川道等地也相继栽植白皮松,而且发展迅速。

为了促进白皮松苗木销售,县林业局对原来的蓝田白皮松协会和蓝田白皮松合作社按照协会条例和《农民合作社法》进行整顿、调整、充实,使 15 个白皮松社会组织充分发挥其职能作用。县林业局和各合作社积极组建白皮松网络销售平台,面向全国销售蓝田白皮松。

县林业局在不断强化白皮松树苗的科学管理下,将白皮松的产业发展方向和目标定位为中国白皮松基地,并向外宣传蓝田白皮松与山东、甘肃等地白皮松的不同之处:蓝田白皮松树冠呈伞塔形,结构紧密,山东、甘肃等地白皮松树冠疏松,一般不呈伞塔形。2015 年,国家技术质量监管局和林业部专家对蓝田白皮松产业和原有成片林进行考察,认定蓝田县为中国白皮松原产地,并颁发证书"中国白皮松原产地地理标志"。

"中国白皮松原产地"的确定,为蓝田白皮松的再发展注入了新的活力。蓝田白皮松得到国家认可,各地客商蜂拥而至。县委、县政府抓住这一契机,在 2015 年后的精准扶贫中,协调金融部门,解决贫困户贷款的问题,鼓励他们种植白皮松苗木,实施产业扶贫,这一举措深受贫困户的欢迎,取得了很好的扶贫效果。

为了继续发展壮大白皮松产业,蓝田县委、县政府决定,在蓝田县举

第八章 再启航帆

181

蓝田岭区白皮松基地

办首届"白皮松发展暨花木交易博览会"。会议由陕西省林业厅主办,蓝田县人民政府承办。河南、甘肃、湖北、山西省等林业部门派代表参加了这次博览会。西安辖区内沿秦岭北麓的周至县、鄠邑区、长安区、临潼区,以及与蓝田毗邻的商洛市的商州区、柞水县、洛南县等地的林业合作社、花卉苗木公司等30多家单位在交易博览会设摊点,推销各自苗木花卉产品。蓝田县10多个苗木花卉合作社和公司以推销白皮松为主,交易火爆,为期两天的交易会签约的销售白皮松树苗合同和意向合同涉及金额达到2亿多元。

在这次白皮松发展暨花木交易博览会上,中国林学会又授予蓝田县"中国白皮松之乡"金牌。中国林学会与蓝田县人民政府签订协议,双方投资共建陕西蓝田白皮松研究院,用教育和文化助推白皮松产业再上新台阶。

历届蓝田县委、县政府坚持向国家新建重大项目所在地赠送白皮松的做法,使蓝田白皮松成为名副其实的"代言人"。2018年3月,蓝田县委、县政府决定向国家新建的雄安新区赠送100棵白皮松。雄安新区相关领导深受感动,亲自到蓝田实地考察,看到蓝田白皮松苗木基地的宏大场面,当即决定将蓝田白皮松作为雄安新区的主体绿化苗木,并与蓝田县政府签订了意向合同。

2018年春天,蓝田县老科协林业分会经过协调,为北京植物园赠送了20棵蓝田白皮松。县长任涛、副县长高云端、林业局局长邓宏愿一行多人与国家林业局、中国林学会、北京植物

园等领导一起栽植了这些纪念树。蓝田白皮松终于走入北京植物园这座令全世界植物学家瞩目的植物殿堂!蓝田县委、县政府决定,每年召开一次蓝田白皮松论坛或产品推介会,组织国内一流、权威的专家和学者研究蓝田白皮松,使蓝田白皮松这张名片漂洋过海,结交天下朋友。

蓝田县林业局正在筹建白皮松试验研究基地,梳理总结蓝田白皮松与其他地区白皮松的差异,探索蓝田白皮松育苗新技术,推动白皮松产

业由数量规模型向质量效益型快速转变,增强蓝田白皮松的市场竞争力。

蓝田白皮松是常青树,是友谊树。如今,蓝田白皮松产业搭载上了新时代中国特色社会主义启航的巨轮,将向着更加美好的方向前进!

对于蓝田白皮松的辉煌历史,用一首诗作概括,即《白皮松颂》:

天下闻名白皮松,

根在蓝田辋川生。

皇家园林独称秀,

白袍将军乾隆封。

胜地名刹见倩影,

一树情谊长春颂。

盛世新程疾奔梦,

精准扶贫立首功。

原生地域奏新曲,

产地遍布川原岭。

为了保证白皮松高质量发展,蓝田县委、县政府办公室经过半年多的精心筹备,于 2018 年 11 月 21 日至 23 日在蓝田县宾馆召开了首届"中国白皮松产业发展高峰论坛暨第二届中国(蓝田)白皮松产业发展大会"。

大会期间,蓝田县城的主干街道两旁的电线杆上,挂满了小红旗。小红旗在冬日的阵阵微风里哗啦啦作响,像热情的蓝田人在列队鼓掌欢迎来自全国各地的代表。小红旗与街道两旁盛开的五颜六色的秋菊一起形成了一道靓丽的风景线。

蓝田县宾馆大门口的向阳路更是张灯结彩,喜迎来自四海的宾朋。在宾馆院内的宣传栏上,人们能看到这次大会的主题:践行"两山"理论,发展白皮松特色产业,建设绿色发展示范县。走进宾馆的大门,映入眼帘的便是这24个红色大字。它们在电子屏幕上反复滚动播映,给人一种振奋人心的感觉。

会议上,中国林学会对蓝田"白皮松工作站"授牌。蓝田县人民政府聘请国内多名知名林业专家为蓝田"白皮松工作站"客座教授并为他们颁发了荣誉聘书。此举体现了中共蓝田县委和蓝田县人民政府贯彻"科教兴国""科技强县"的发展理念。

蓝田白皮松发展离不开科技的强大支撑,也离不开一大批长期奋战在白皮松苗圃的林工和掘苗技术精湛的技术工。蓝田白皮松移栽到外地后达到100%的成活率,这一可喜成果离不开这些默默无闻,浑身沾满沙土,双手布满裂痕的林工。他们是平凡但伟大的英雄!蓝田县委、县政府在2018年特别评选出了"十佳白皮松掘苗工"和"十佳白皮松技术能手",请他们登上大会主席台集体亮相,为他们披红戴花,敬献鲜花,并与县上各位领导合影留念。二十位最底层的工人,第一次登上了大雅之堂,个个脸放红光,笑容满面。

首届"中国白皮松产业发展高峰论坛暨第二届中国(蓝田)白皮松产业发展大会",第一天就取得了丰硕成果。

首届中国白皮松产业发展高峰论坛由中国林学院亚热带林业研究所所长王洗杰主持。来自全国多家科研单位的专家对白皮松的悠久历

第八章 再启航帆

史及文化，白皮松在"绿水青山"建设中的重要作用及其功能，白皮松的特征、习性、科学栽植与管理做了深刻细致的专题报告，对白皮松进行了全方位的深入解析。参加会议的嘉宾聚精会神听讲，挥笔飞速记录，怕错过了千载难逢的一次"真经"传授的机会。

特别是北京林业大学李伟教授的《油松基础研究对白皮松遗传改良的启示》报告，更是扣人心弦。他的许多新观点和新技术，对栽植蓝田白皮松的林农和白皮松研究人员有很大的启发。

与会代表听了李教授的报告，茅塞顿开，欲将他在油松上的科研成果用在白皮松上，实现白皮松在育苗方面的技术突破！

当李教授从讲坛回到宾馆房内，正准备休息时，一阵阵敲门声响起。开门后，见门外簇拥了一堆人，带头的是蓝田县白皮松研究院常务张副院长。他向李教授深深鞠了一躬，然后轻声说："你能否向我们介绍一下'赤霉素'在油松上的使用方法。我们想在一小块苗圃实验地搞白皮松幼苗实验，以提高白皮松幼苗的生长速度。"

李教授轻轻一笑说："你们对新的科学知识的渴求，是我在基层做报告过程中从未遇到的。蓝田县白皮松的发展是与科技引领分不开的，为了乡亲们的梦想，我将毫不保留地把我知道的传授给你们。"

李教授打开随身带的皮包，从里面取了一份《油松基础研究对白皮松遗传改良的启示》的报告稿，双手呈给蓝田县白皮松研究院常务张副院长。

张副院长将报告稿双手接在手中，如获至宝，对着李教授又是一个鞠躬，然后转身告诉随行的白皮松育苗专业户："真经已取回，明年春天开始进行小块实验，望大家精心组织，让李教授的研究成果在蓝田白皮松幼苗生长中再创佳绩，解决我们几十年来的难题。"

一房子的"育苗土专家",鼓掌感谢李教授。掌声在宾馆客房内回荡,李教授向大家频频点头。

改革开放四十年,蓝田林农追逐科学的热情高涨。李教授仿佛看到了在"希望的田野上",白皮松更大召唤力和这里的人们的非凡创造力。

第一天会议结束后,辋川镇首蓿沟村的"十佳白皮松掘苗工"武富贵刚回到自家小楼房门前的场地,6岁的女儿蹦跳着跑出门迎了上来。

武富贵推开车门,走下车,身上的"十佳白皮松掘苗工"的彩带交叉斜挂在肩膀,彩带下方的黄丝线在晚风的吹拂下不停地在空中舞动,惊得跑得正欢的女儿刹住脚步,站在原地愣愣地望着父亲,还以为认错了人。

武富贵见女儿站在地上呆看着自己,什么也没说,转身从车内取出一簇鲜花。五颜六色的鲜花用红彩带扎紧根部,上面形成伞状花簇。武富贵一只胳膊抱着鲜花,叫着女儿名字。女儿才从呆望中惊醒,一阵风般跑到武富贵跟前,抱着父亲的腰,睁着杏眼,不停地摇着父亲,大声喊着:"我爸成英雄啦!"正在做晚饭的妻子听到女儿的喊声,也是一阵风般地从灶房中小跑出来,望见丈夫披红抱花,神采奕奕,也是一阵愕然。

妻子双手接过武富贵怀中的鲜花,闻了闻说:"是真花,还香着呢,一定很值钱吧。"

武富贵笑着说:"县政府送的鲜花,能是一般的吗?"

妻子点头赞同。

女儿忽地从母亲怀里抱走鲜花,跑向家里一楼的客厅,将鲜花端端正正地放在客厅正堂的方桌上祖父母的遗像前。

武富贵是全县有名的掘苗工。他有县林业局林技中心颁发的"掘苗技术工"证书。这次被镇政府推选为优秀掘苗工,参加首届中国白皮松

第八章 再启航帆

高峰论坛,会上受到了县委书记和县长的接见,又和县委书记、县长合影留念。他快三十岁了,从未得过如此大的荣誉,晚上躺在床上翻来覆去睡不着,白天会场的隆重情形一直在他脑海里浮现。他想,自己一个平凡的林农,只是掌握了一些挖白皮松幼苗的技术,领导竟然这样器重他。他反复回味常务副县长的那段讲话:"这些挖树的林农,其实是白皮松产业迅速发展的关键技术人员,没有他们挖掘白皮松幼苗的精湛技术,怎能谈得上白皮松的成活率? 科学技术是生产力,是推动白皮松产业发展的真正动力。"武富贵想着想着,会心地笑了。县委、县政府把他们这些掘苗工当作宝贝,对他们极度重视,这才使蓝田白皮松产业走上了科学引领、技术支撑的高速发展之路。

武富贵是高中毕业未考上大学的落榜生,之后跟着父亲给别人当掘苗工。挖一棵白皮松大苗挣 20 元工钱,武富贵一天只能挖三四棵。父亲年龄虽然大,但技术熟练,每天比他多挖一倍多。每天挖苗后回到家里,老父亲总是先休息片刻,再吃晚饭。看着父亲一天不如一天的身体,他只能劝父亲不要再出工。老父亲总是说:"娃呀,挖白皮松不仅仅是个力气活,还需要很多窍门,掌握窍门才会既省力又使树根土球较大,你留心我挖白皮松苗的方法,掌握技巧后挖的数量既多又符合标准。咱山里人进城打工是出力气,在家门口也是出力气,但并不少挣钱。"

武富贵从此跟着父亲挖白皮松大苗时,按照父亲指导的那样,不急于动手,而是先观察白皮松树苗的形状和长势,再用手使劲摇树干,判断树苗根部的侧根长势,再在树根部周围按照客户要求,将土球的圆周用铁锹在地面画出来,最后才动铁锹挖苗、起根、扎捆,环环紧扣,既快又好。

武富贵的父亲因年纪大不能再出工,他独自一人早出晚归,整天辛劳在苗圃间。他的一看、二摇、三挖围、四挖白皮松大苗的办法,很快成为挖苗的标准程序。有一次，一家购买白皮松的客户要20棵白皮松大苗，要求天黑前必须装车运走，苗圃主人找寻掘苗工，跑遍几个村子都没找到。原来他们都去城里打工了，只好找武富贵。武富贵说自己一人就行，但得按每棵树30元结账，保证按时装车，不误客商拉运。

卖白皮松大苗的主人二话没说，让他立即骑上摩托车到地里挖苗。

武富贵让卖树苗的主人将午饭送到地里，因来回吃饭在路上要耽误时间。结果还没到下午，20棵白皮松大苗就摆放整齐地靠在拉运车旁。卖苗主人一次付给武富贵600元工钱。消息传开后，整个辋川人都知道武富贵是掘白皮松大苗高手。

从此，卖白皮松大苗的人不但不嫌他要的工价高，反而请他掘苗的人越来越多。武富贵凭借一双辛勤劳动的手和熟练的掘苗技术，经过五年打拼，为家里盖起了三间两层小楼房，还买了辆小车。

勤劳能致富。只有懂得技术的人，才能给勤劳致富插上腾飞的翅膀。武富贵还在自家承包的二亩地里种了多年白皮松幼苗，又带领了一批掘白皮松的苗工，成了蓝田县白皮松掘苗工专业队老板。蓝田白皮松产业的迅速发展忙得他整天团团转，安排了这家马上又得到别家检查。每个掘苗工给武富贵一定的管理费，武富贵对雇主必须保证所找的是熟练掘苗工，这样既为雇主解决了掘苗工紧缺的问题，又为有掘苗技术但找不到活路的林农解决了问题。

武富贵日思夜想如何让白皮松幼苗加快生长。有一天半夜，他在睡梦中哈哈笑醒，睡在他身旁的妻子惊醒后问："啥事把你高兴得大笑？"武富贵说："我梦见咱白皮松苗圃的幼苗像白杨树一样冒节节，要真是那样该多好。"妻子也是高中毕业生，平时爱看些道家之书，随即说："那是做梦！白皮松变成了白杨树，那就不叫白皮松了。万物有道，各守其律。

第八章 再启航帆

如果白皮松真的能长得像白杨树那样快,白皮松也就卖成了白杨树的价钱了。"

听着妻子富有哲理的话,武富贵半天没说一句话。

武富贵翻来覆去睡不着,盘算着用掘苗挣来的钱在自家的苗圃中挑几株最差的白皮松幼苗做试验。如果白皮松幼苗的生长速度加快了,那产生的经济效益将是巨大的,也攻克了白皮松研究的一个课题。

武富贵在憧憬白皮松幼苗加快生长的美好想象中又昏昏睡去。他的梦想也是蓝田数万白皮松经营者一直追逐着的梦想! 他们的梦想即将实现,在中国首届白皮松高峰论坛上,学者专家们已为他们指明了前进的方向!

时代在变,社会分工在变,产业结构也在变。在全县农业产业结构调整中, 形成的新的白皮松产业促进了当地经济结构和人才结构的改变。改革开放 40 年来,蓝田县农民职业技能培训在白皮松产业发展的风雨砥砺中走来。

在劳动光荣、技能宝贵的时代,更多人的人生会放射出新的光彩! 武富贵就是一个在白皮松领域不断出彩的人。第二天东方欲晓之时,他驾起小汽车一溜烟地开往县城,去找参加大会的西工大无人机研究团队代表,请教如何用无人机喷药预防白皮松病虫害一事。

11 月 23 日,首届"中国白皮松产业发展高峰论坛暨第二届中国(蓝田)白皮松产业发展大会"组织全体代表考察参观蓝田白皮松苗圃基地。

警车开道,四辆大巴坐满了考察白皮松的代表。车上播放着歌曲《美丽的蓝田》,车辆穿行在两旁尽是白皮松的蓝葛公路上,向着白皮松原始片林所在地辋川驶去。

绕簸山,进谷口,考察白皮松的代表们眼前豁然开朗。小盆地四周

出席大会的各级领导

签订白皮松销售合同

的山峦上翠黛如染,白色树干在清晨阳光的照耀下闪闪发光,代表们一眼看出那是布满山冈的白皮松。此时,中国林学院亚热带林业研究所所长、中国林学会松树分会秘书长周志春从座位上站起,扶了扶眼镜,望着窗外林海高声吟道:"明月松间照,清泉石上流。"车内随即响起一阵掌声。

周志春秘书长见考察的代表们鼓掌,激动地说:"这两句诗是王维写白皮松的。不是写月夜下的景色,而是说白皮松林中树干的银光犹如月光般明亮。眼前清澈的山泉,穿流在乱石间。这两句写实的诗,已是千古绝唱,但有多少人误解其真正的意思。只有知晓白皮松特性者,才知唐代王维所在的辋川已是白皮松的天下!"

汽车向辋川西的一个山口开进,领队的蓝田县林业局干部告诉代表们:"这沟名叫西沟,是改革开放后飞播造林的示范村,沟里全是白皮松。"

考察的代表们从车窗望去,只见沟的南北山坡上,到处是高低不同的白皮松,郁郁葱葱,密密麻麻,直到山顶,与蓝天相接。每到有三两户农家的地方,车便停下,大家下车观看。新盖的小楼房依山傍水,雪白的墙壁,红色的琉璃瓦,在松林间显得格外耀眼。门前如席大的场地边塄上,也长满了碗口粗遮住阳光的白皮松,鸡在树下觅食,小狗蜷卧在门口,家门前有可通小车的石拱桥,桥下流水潺潺。

周志春秘书长和几位学者被这里的自然美景感染,取下相机拍照。走到路边,一股松树独有的清香扑鼻而来,他深深地吸了几口气,身体顿感清爽许多。他随手从身旁的一棵白皮松枝上摘了几根松针叶,放在鼻下又闻了闻,那是更浓更鲜的松树香味。

车行十多里,水泥路两旁的白皮松愈来愈高大。半山腰的白皮松林中偶尔隐隐约约地露出一两户农家的白色小楼,真有世外桃源之感。

神奇
白皮松

SHENQI
BAIPISONG

除了小河流水声，山里静得出奇。没了鸡鸣犬吠，没了人声嘈杂，年轻人都进城打工去了，孩子都去城里上学了，只有一两位老人住在新盖的小楼里。他们一生都与身边的白皮松林为伴，对他们来说，再好的城市生活也不如在这里和白皮松做伴，他们仿佛是现代的禅者。

每一棵树，每一片叶脉，都蕴含着许多信息。枯黄和圆润，饱满和干枯，都是时间的见证。正值农历十月末，辋川口已是黄如锦绣、红如火的初冬景色，但这里却不见冬的痕迹，仍是一片苍翠欲滴的景象。

太阳还未照到沟口，天空中纯净的蓝如一缕蓝绸挂在头顶，又如炯炯有神的目光，干净而深沉。

大巴喇叭一声长鸣，代表们的思绪才从幽静的白皮松辋川基地中回到了灞水之滨。

在灞水旁的环山公路上，考察的代表们见到绿茵茵的白皮松苗圃地一望无际，直通南山下。初冬时分，除了这片绿色再无它色。村民的庄前屋后，路旁手掌大的地上都是白皮松小苗。从脚下的环山路上向南望去，像是一块硕大无比的绿色挂毯。星罗棋布的村庄，是这"挂毯"上的图案。"挂毯"的一角在王顺山，另一角在尧山，壮阔极了！

经过几个大转弯，参观考察的旅游大巴车直上到北岭的顶上停下。代表们走下车，领队告诉大家："这里是蓝田的北岭，是临潼骊山的延伸段。"代表们才知已到了蓝田岭区苗圃地。

极目西眺，层层梯田，块块绿洲，沟壑纵横，绿树婆娑，阡陌小道，松树笼罩。

周志春秘书长兴致勃勃地拿起望远镜，仔细观察这难得一见的梯田般的白皮松苗圃。岭的最下方，灞水在阳光下波光粼粼。灞水岸的白皮松苗圃与脚下如波浪般翻滚而下的白皮松苗圃，组成了汪洋大海般的壮美场景。

周志春秘书长见如此多而且苗壮的白皮松幼苗,便问领队:"还有白皮松大苗地吗?"领队指着西面看似一堵墙的地方说:"那就是家喻户晓的白鹿原,是白皮松大苗生长的最佳地,也是我们参观考察的最后一个点。"

参观车队在警车带领下,不到半个小时已上了白鹿原。

周志春秘书长是读了陈忠实《白鹿原》长篇小说后才知道关中有这个神奇的地方,这里也是他久已向往之地。今日脚踏在白鹿原上,放眼四周,周志春秘书长被眼前的景色所震撼。从原畔到原里,一片片高过人头,齐刷刷、密层层的白皮松大苗,一眼望不到头,直到天边。周志春秘书长一时兴起,登上原畔一家农家乐三层楼的阳台,拿起望远镜,向东西南三个方向望去,只见绿深似海望不到尽头。绿与远方的天蓝色融为一体,已分不清哪是白皮松苗,哪是天色之蓝了。隐约能看见穿插在绿海间的路上,停着数辆大型长箱车在拉白皮松苗。车旁停着装苗小吊车,掘苗工正从苗圃地里运送往车上装的白皮松大苗。此时正是移植白皮松大苗的季节,因此才能见到这苗工的劳动场面。

周志春秘书长从事松苗研究已有 20 余年,他跑遍了中国的大江南北,甚至到过欧洲好多国家考察松树的人工繁殖,但他从没有见过如白鹿原上浩瀚如海的白皮松大苗基地。

正值中午,周志春秘书长站在白皮松大苗圃旁,看着如此壮阔的白皮松大苗基地,如痴如醉,又大口呼吸起带着浓浓松香味的新鲜空气。

原畔的几棵白杨树上,只剩下几片黄叶在微风中跳着摇摆舞,好像几位瘦骨嶙峋的老人,在挥手欢迎这些远道而来的客人。唯有眼前的白皮松林一片绿色,显露着深秋初冬的生机,顽强地迎着越来越寒冷的天气。它用松针吞下含有雾霾的风,吐出沁人心脾的空气。它的枝永远斜着向上向外延伸,从不向寒风暴雨低头。它又很内敛,像一位已经成熟的女性。此时已是初冬,个别较大的白皮松大苗树上,斜挂着像乳房一样已无籽粒的松果壳。

周志春秘书长望着眼前的白皮松大苗,终于明白:脚下这块土地是最适宜白皮松生长的地方。白鹿原是西北季风刮起的黄土经过500万年堆积起来的原,唐时就是长安城南的著名皇家松园。随着人口的增长,人们毁林开荒种地,硬生生地将松树赶到了秦岭深山。当人类受到大自然的惩罚时,才意识到保护青山绿水的重要性。白皮松在白鹿原生长,那是回到了祖宗留下的风水宝地。

周志春秘书长从长久的沉思中转过神时,已是下午继续开会的现场。

大会主持人请周志春秘书长代表考察白皮松的代表们讲话。

突然听到自己要代表考察的同志们发言,周志春秘书长慢步走到台前与人等高的扩音器旁,扶了扶近视眼镜,一字一板地说:"半天的考察白皮松苗圃活动,让我非常激动。我代表全体考察的同志,向蓝田县委、县政府为我们提供的难得一见的考察场地表示感谢!"

台下传来一阵热烈的掌声。

周志春秘书长说:"我走过许多地方,到过国外,但还是第一次看到白皮松作为一种苗圃产业发展得这么好。特别是作为一种新兴的、独特而珍稀的树种,能发展到今天这样,更是令人惊叹!我鉴赏了'中国白皮松之乡'的宏大画卷——辋川地区飞播白皮松种子后的'山静松密',灞水两岸白皮松育苗地的'水盈松绿',岭区白皮松苗圃的'梯田松秀',白鹿原白皮松大苗基地的'高原松盛'。改革开放40年来,蓝田白皮松由数百亩发展到数万亩,特别是到2017年发展到近10万亩,而经过2018

年一年时间,全县白皮松苗圃达到了 15 万亩。发展速度惊人,社会效益和经济效益显著,值得与会的同志们祝贺!"他带头在台上鼓起了掌。台下自然又是一阵更长久更热烈的掌声。

周志春秘书长接着说:"党的改革开放政策是社会发展的巨大动力,在走共同富裕道路的指路明灯指引下,历届蓝田县委、县政府围绕一个目标,咬定青山不放松,带领全县人民经过 40 年的拼搏,才取得了今天的伟大成就,才创造了今天的丰功伟绩。伟大的梦想是干出来的,拼出来的!"

全场再次响起雷鸣般的掌声。

周志春秘书长接着说:"首届白皮松高峰论坛上,我们听取了各位专家、学者的宝贵发言,对我们刚刚兴起的白皮松产业发展有着非常重要的指导作用。成绩面前要戒骄戒躁,依靠科技,解决好'中国白皮松之乡'前进中面临的问题。需要认识到蓝田白皮松产业目前还存在资源管理不规范,标准化体系不完善,科技创新不够,互联网时代营销推广手段落后等问题。"周志春秘书长一针见血地指出蓝田白皮松产业发展中面临的问题,字如千斤,话似重锤,解开了每个参加会议的蓝田代表的心结,为蓝田白皮松产业发展很好地把了一次脉。蓝田县白皮松研究院常务副院长用手机录了周志春秘书长的讲话,打算将他提出的蓝田白皮松发展所面临的问题,作为研究院的首要研究课题。

周志春秘书长最后说:"存在的问题,为我们指出了发展白皮松产业的巨大潜力和空间。坚持科学理性的态度和实事求是的精神,依靠科技创新、机制创新和体制创新,不断深入研究,加强宣传推广,壮大企业规模,与科研单位、专业学院联手,积极搭建产学研相结合的平台,建立蓝田白皮松产业的相关标准,共同推动蓝田白皮松产业发展再上新台阶。"

参加考察白皮松苗圃的公司和代表，看到了蓝田白皮松的良好发展势头，周志春秘书长讲话结束后，他们纷纷要求和蓝田县人民政府签订有关合同。

　　副县长张均锋代表蓝田县人民政府，与陕西林业集团签订了《蓝田林业生态工程综合开发项目战略合作协议》。蓝田县林业局郑局长代表蓝田县林业局，与京东物流集团签订了《战略合作协议》，与陕西意景园林设计工程有限公司签订了《造林绿化工程设计框架协议》，与唐宛园林景观建设有限公司签订了《白皮松销售战略框架协议》，与陕西润地建设工程有限公司签订了《苗木购销协议》。

　　签约内容涉及白皮松的各项技术、销售等，可谓收获巨大。客商与县政府签约结束时，会场全体代表站起纷纷鼓掌，感谢他们为蓝田白皮松产业的发展注入了巨大的活力！

　　首届中国白皮松高峰论坛闭幕时，县委副书记、县长任涛做了热情洋溢的讲话。

首届白皮松高峰论坛闭幕式

他在讲话中说：“感谢来自全国各地的各位专家学者，感谢签订协议的有关单位。蓝田白皮松产业能够取得今天的成就，得益于这个伟大的时代，更得益于改革开放的不断深入，和历届蓝田县委、县政府领导坚定白皮松产业发展不动摇以及全县人民的共同努力奋斗。”

　　逆水行舟，不进则退。任县长说：“在经济飞速发展的今天，我县的白皮松产业一定要在专家提出建议的几个方面努力去突破，再启航帆，继续前进。蓝田的白皮松产业正张开它那雄健的翅膀，乘着继续改革的东风扶摇直上。”正如一首词所描述的那样：“绿肥白瘦，阡陌风不透。氤氲阵阵扑鼻来，却是松香幽。松乡里尽舜尧，巧手更兼勤劳。新时代新作为，擘画蓝图再描。”

后记

　　蓝田是中国白皮松的原生地,且栽植历史非常悠久,已有数千年的历史,因而被林业部授予"白皮松之乡"。在林业普查中,唯有蓝田辋川有连片白皮松林区。山东、山西、河南、湖北、甘肃等地虽有白皮松的踪迹,但都是与其他树木生长在一起的混合林。

　　白皮松是松类树木中的贵族,是树文化中最具代表性的树木。民间至今流传有许多关于白皮松的感人故事和神奇传说。在中国社会和经济发展的大潮中,白皮松成为新时代城市绿化、防尘减霾的宠儿。白皮松又因其树冠形状如塔似伞,加之四季长青,在全域旅游发展的大潮中,成为名刹圣地的一道靓丽风景线。

　　在精准扶贫中,蓝田县白皮松产业成为新兴产业受到各级党委和政府的推崇。每年的脱贫户多为白皮松良好经济效益的获益者。脱贫后的农户,又将继续做大做强白皮松产业,向致富奔小康路上大步迈进!白皮松为蓝田县域经济注入了前所未有的活力,带动了蓝田白皮松产业的强势发展。走进蓝田满目尽是白皮松。蓝田已成为中国白皮松繁育中心!

　　在一个县域经济主导产业飞速发展的新时代,如何使其长盛不衰,永葆良好的发展势头,就需要有文化的支撑。蓝田县林业局已认识到白皮松文化的紧迫性和重要性,只有通过文化包装和宣传,才会达到事半功倍的效果。硬道理和软实力的良好结合,才能开辟出一片白皮松的新天地。

在县委、县政府有关领导的授意下，蓝田老科协的一批老专家、蓝田地域文化的热衷宣传者、曾在林业部门工作过的老科技工作者，组成了一个关于白皮松调研、考察、收集资料的工作团队。他们虽都是白发苍苍的耄耋老人，但"不忘初心，牢记使命"。他们任劳任怨地工作在深山老林中，为《神奇白皮松》这本书的创作、编写贡献自己的力量。在此，对这些老同志在蓝田白皮松文化宣传工作方面的辛勤付出和巨大贡献，表示诚挚的感谢！

青青白皮松，悠悠灞水情。长卷作树志，生态立奇动。《神奇白皮松》的出版是蓝田人民盼望已久的，今日终于得以实现。

《神奇白皮松》一书将使人们进一步认识和了解蓝田白皮松的各种习性和特点，知悉其源远流长的文化史，知晓蓝田白皮松在全国乃至世界著名文化景点的踪迹，使蓝田白皮松这一世界珍稀树种得到更好更广泛的宣传。

愿中国白皮松从蓝田起步，走向全国，走向世界！

蓝田县林业局老科协

2018 年 6 月